JN228052

TikTok

最強の SNSは 中国から 生まれる

黄 未来 著

ダイヤモンド社

本書は、世界で最も人気のある
ショートムービー・アプリ
「TikTok」と「Douyin（抖音）」について
詳細に解説された、日本で初めての本になります。
運営企業であるバイトダンス社の
サイトでは明言されていませんが、
同一の上記のビジュアルであることからも、
この2つのプロダクトは同じコンセプトであり、
「TikTok」は日本を含むグローバル版、
「Douyin（抖音）」は中国国内版と
理解することができます。

はじめに

中国社会を一変させた2つの革命

　2018年、わたしはMBA留学のために勤務していた商社を休職し、中国の上海へ渡りました。中国籍ながら6歳から日本で育ってきたので、20年ぶりの長期帰国です。

　上海に到着するやいなや、中国で進展していた2つの革命の洗礼を受けることになりました。

　1つは、「**キャッシュレス革命**」です。近年は日本でもこの言葉が頻繁にニュースで飛び交うようになりましたが、すでに中国では2015年前後から、QRコードを利用したキャッシュレス化が猛烈なスピードで進展していたのです。

　キャッシュレス化の度合いはおそらく多くの日本人の想像を超えており、ショッピングモールの店舗はもちろん、街中の屋台や露天商、ひいては弾き語りや物乞いの人までもがQRコード決済を導入しているほど。また、そもそも現金での支払いを受けつけておらず、スマホアプリでのみ注文が可能なサービスも多数普及し、キャッシュという存在が社会から消えつつあると言っても過言ではない状況です。

　実際、上海のような都会では、**お財布を持ち歩くことは皆無となり、スマホ1台あれば何不自由なく生きていけます**。むしろ、現金をつかうときのほうがサインを求められる場合もあり（店内での不正防止のためです）、面倒なことも多い。そうした状況に、店側も顧客側も完全に慣れ親しんでいます。

　わずか数年で、キャッシュレス化は中国社会に一気に浸透したのです。

　まだまだ現金決済が中心の日本との差にとまどいましたが、このキャッシュレス化については、事前の情報もあったために、アプリの用意も心の準備もできていました。

　しかし現地で初めて体験し、より衝撃的だったのが、「**動画革命**」です。上海では、街ゆく人々がスマホを持っているのはもちろん、あらゆる場所で、みんなが動画をみていたのです。

　たとえば、電車の中。日本で電車に乗ってまわりをみてみれば、SNSをいじっているか、スマホゲームをやっているか、もしくはニュースアプリなどで記事を読んでいる人が大半ではないでしょうか。もちろんなかにはNetflixやYouTubeをみている人も若干いますが、**中国では、実に半数以上がなにかしらの動画、しかも長くて数分の短尺動画をみているのです。**

　そして、街中の屋台。中国の田舎の街では、今も昔と変わらず屋台が庶民の食事を支えているのですが、店番のおじさんやおばさんが、自分が調理している風景をスマホでライブ配信していました。なにも揚げパンや串焼きをつくる腕前を自慢したいわけではなく、あくまでも単調な作業が暇なので、なんとなくというノリで配信もやっている様子。ライブ配信で誰かが反応をしてくれれば気も紛れるし、万が一でも、誰かが「投げ銭」（もちろんアプリ上の機能です）をしてくれればラッキー、といった程度で配信をしているのです。

　わたしの体感ですが、中国で店番をする人は本当に99％の確率で、みんな暇つぶしにスマホで動画をみている。そして5〜10人に1人程度はライブ配信をしている。驚異的な使用率です。

　こうした様子に衝撃を受け、すぐにライブ配信アプリをいくつかダウンロードしてみました。すると、「屋台系配信」がしっかりジャンルとして成立していること、正確には「屋台系」だけでなく、多くの一般人が積極的に日常風景をライブ配信していることに気づきました。しかも、そうした日常をコンテンツとして配信しているのが若者だけではなく、老若男女すべての人であることに驚きを禁じ得ませんでした。

　後にわかったのですが、これは特定の都市や地方だけの流行ではありませんでした。逆に、中国ではどこに行っても、みんながスマホを四六時中握りしめ、スマホ画面の中の動画をみている。そう、中国は完全に「**動画の国**」に変貌していました。

　「キャッシュレス革命」と「動画革命」、いずれもスマホの普及があってのものですが、まだ日本ではスマホが普及した段階で止まっている状況といってよいでしょう。それが中国ではここまで進んでいる——そのことに、日本で育ってきたわたしは大きな衝撃を受けたのです。

「鎖国」が生み出したチャイナ・イノベーション

　当時のわたしと同様、中国での技術革新と社会変革がこれほどまでに進んでいることを知って、驚かれた方もいるかもしれません。

　そうした今の中国に驚く理由は、人によっておもに2種類あるようです。1つは、昔ながらの貧しい中国のイメージにひきずられているから。そしてもう1つが、中国のインターネット環境についてある程度詳しく、政府によって情報を統制するための情報管理システム（グ

レート・ファイアーウォール）が設けられていて、外国のサービスやコンテンツから遮断されていることを知っているから、です。

前者の認識は、すでに事実とは異なるといってよいと思います。中国の都市を一目みれば、すぐにとける誤解でしょう。しかし、後者は決して間違っているわけではありませんので、少し解説が必要になります。

わたしも以前は、「中国本土の人は可哀想だな。Facebook も Twitter も、YouTube も Instagram も使えないなんて……」と考えていた節がありました。

ただ、実際に中国に渡ってみると、こうしたイメージが一気に覆りました。中国にも各種のSNSやエンタメサービスが多数存在しており、世界と比べても引けを取らない、いや、モノによっては日本人が日常的に使っているサービスすらも凌駕する、オリジナリティあふれるサービスが多く存在していました。

中国政府がインターネットを規制した主な目的が、情報を統制・検閲するためであったことは間違いありません。しかしそれは、GAFA[1]をはじめとする当時の先進的なIT企業が、中国への本格的な進出を断念することにつながりました。その結果、中国国内では多くのスタートアップが生まれ、14億人という世界最大の市場を舞台に、独自のイノベーションを生み出すことになったのです。

そうした"チャイナ・イノベーション"の集大成であり、最前線に

1　Google、Amazon.com、Facebook、Apple Inc.の4つの主要IT企業の総称。言うまでもなく、いずれも米国の企業です。

存在するのが、本書のテーマである TikTok（ティックトック）——中国
では Douyin（ドゥーイン）と呼ばれるサービスです。[2]

「革命以後」の中国にいることの重要性

　ここで、あらためて自己紹介をさせてください。

　わたし、黄未来は、日本育ちの中国人です。1989年に中国の大都
市の1つである西安市で生まれたのち、6歳の頃に両親に連れられて
日本にやって来ました。その後数年ほど中国に帰国した期間はあった
ものの、基本的に小中高と大学、そして社会人と、20年以上の年月
を日本で過ごしてきました。

　三井物産では国際貿易と投資管理に従事し、中国に渡る直前の半年
間はアフリカでの新規事業の立案に奔走。その後、上海に留学で戻っ
てきたというわけです。

　この生い立ちとキャリアは、日本人はもちろん、他の同年代の中国
人にもない宝物をわたしに与えてくれました。

　それは、「**日本で生まれ育つなかで、歴代のおもなSNSに余すこと
なく馴れ親しんできた**」という経験です。国産サービスとして一時代
を築いたmixi（ミクシィ）はもちろんのこと、中高生の間で人気を博
した動画コミュニティアプリ、MixChannel（ミクチャ）にも触ってい
ました。日本のサービスのみならず、当然FacebookやTwitter、
Instagram、YouTube、あるいはSnapchatなどのSNSもすべてリ
アルタイムで使用し、各サービスならではの体験価値に触れてきまし
た。

2　本編で詳しく解説しますが、日本で使われるTikTokと中国のDouyinの機能には大きな違いが
　　いくつかあります（2019年7月現在）。

　前述したように、中国では基本的に外国のネットサービス、特にSNSを使用することはできないので、これは中国人としてはかなり特異な経験です。

　一方で日本では、まだTikTokが流行り始めたばかりで、TikTokが今後の日本に与える影響、そして動画がすべての産業を飲み込んでいく「動画革命」の足音に気付いている人は、まだ多くないようです。

　わたしが本書の執筆を決意したのは、こうした自身の立ち位置から、日本の皆さんに伝えられることが多いと感じたからでした。

　日本と中国、両方のバックボーンがあり、同時に多くのSNSに触れてきた世代ならではの視点を持っている。そして商社での仕事を通じて得たビジネスの知見、世界中で出会った人々との交流がある。「世界広しといえども、この本はわたしにしか書けないはず」と自分に言い聞かせながら、いま伝えられる限りの情報や考察を余すことなく詰め込んだつもりです。

　なお、読者のなかには「中国を主題に扱った本を、たった2年しか中国に滞在していない著者が書けるのか？」と疑問や不安を抱いた方もいらっしゃるかもしれません。しかし、すでにお話ししたように、**中国という国はここ数年という短期間で、その様相を劇的に変えています。**

　インターネットの登場を分水嶺として各国の社会や文化が大きく変容したように、スマートフォンの誕生とそれをインフラとした2つの革命によって、中国は「以前と以後」に明確に分かれたのです。

　率直にいえば、「キャッシュレス革命」と「動画革命」以前に20年

間中国に滞在した人よりも、以後に２年中国で暮らしている人間の意見のほうが、**「今の中国社会を知る」という目的ならば有用**だと確信しています。

本書のテーマと構成

　もちろん、議論や主張を表層的な一過性のトレンド分析に終始させるつもりはありません。本書には、

①**TikTok（Douyin）の魅力の秘密**
②**それを生み出したバイトダンスという企業、その背景にある中国の スタートアップの最新状況**
③**動画革命の本質**

　という３つの大きなテーマがあります。そのうえで、「いま中国で、世界で、何が起きているのか」「これから日本でなにが起ころうとしているのか」という問いへの答えを、できる限りわかりやすくお話ししていくつもりです。

　具体的な構成は次のようになります。
　第１章では、TikTokの基本情報をおさえたうえで、その本質的な強さの秘密を解説します。そして第２章では、TikTokが日本でどのように受け入れられているかを、第３章では、TikTokがなぜ世界的に受け入れられたかを他のSNSと比較しながら考察します。
　第４章では、中国とシリコンバレーを舞台としたTikTokの誕生の経緯を、ショートムービー業界の歴史とともにみていきましょう。
　第５章では、中国におけるTikTok活用の先行事例を紹介しながら、日本で今後どのような変化が起きるかを考えます。また章末のコラム

では、TikTokという最強のSNSを生んだ中国スタートアップ界の情報も補足しておきます。

　以上からわかるように、本書はTikTokの細かな機能や使い方の説明を目的としたものではありません。

　もし、まだTikTokを触ったことがない、というのでしたら、ぜひスマホでTikTokをダウンロードしたうえで、触りながら本書を読まれることをお薦めします。一度でも触れば、本書が伝えようとするTikTokの魅力と、サービスとしての強さを直感的に理解できるはずです。

　それではさっそく始めましょう！

【注記】
・ 原則として文中の情報は、2019年7月時点で確認できる最新のデータに依拠しています。
・ 本書はバイトダンス入社前に個人的見解をまとめて執筆したものであり、同社の公式見解とは一切関係ありません。

TikTok 最強のSNSは中国から生まれる

第2章 TikTokは日本でどのように受け入れられているのか?

第3章　すべての SNS と、世界を飲み込む TikTok

第4章　TikTok が中国のショートムービー市場を制するまで

TikTok の原型はシリコンバレーで生まれた

中国におけるショートムービー市場の変遷

第 1 章

TikTokはなぜ「最強のSNS」になれるのか

TikTokが世界最強のSNSとなる5つの理由

日本では誤解されているTikTok

　TikTokをごく簡単に説明すれば、中国のメディア企業であるバイトダンスが運営する、基本的に15〜60秒のショートムービーを投稿・閲覧するSNSです。

　このTikTokというサービスに対して、皆さんはどんな印象を抱いていますか？

　多くの方は、「10代の女子高生が踊ったり、口パク[1]をしているアプリ」といったイメージをお持ちでしょう。あるいは、お笑い芸人のくっきーさん（野性爆弾）や女優の新川優愛さん、上戸彩さんと小芝風花さん、中村倫也さんらが出演した数々のテレビCMを思い出す方もいるかもしれません。

　いずれにせよ、**「若者だけが使っている流行りのSNS」**というイメージが強いのではないでしょうか。実際、TikTok Japanでは「動画のプリクラ」と自らのサービス・イメージを表現していますから[2]、その思い込みにも無理はありません。

　正直に言えば、わたしのTikTokへの第一印象も、SNOW[3]やSnapchat[4]

1　音楽や他人の音声に合わせて発声せずに口を動かす「口パク」は、動画系のSNSでは「リップシンク」と呼ばれ、広く定着している表現技法となっています。

2　出所：「おじさん・おばさん世代にも広がるTikTok。AWAとの提携でねらうもの、両社幹部に聞いた」https://www.phileweb.com/news/d-av/201812/12/45936.html

3　「スノー」と読みます。スマホでの自撮りを盛れる（自分好みに加工できる）アプリとして日本でも大ヒット。2016年5月にApp Storeの無料アプリランキングで1位となりました。

4　友だち同士で写真や動画を送り合うアプリですが、数秒〜24時間で消えてしまう点が大きな特徴。欧米の若者のあいだで爆発的に流行しました。

のような、日本では一過性のブームで終わってしまった若者限定のアプリなのかな、というものでした。

　しかし、「若者向け」「流行りのSNS」というイメージにとらわれると、TikTokの正体を大きく見誤ります。**TikTokは、Facebook・Twitter・Instagramなどを超える、世界最強のSNSとなる可能性をもつサービス**であり、現在その地位に着実に近づいているのです。

　そのことを理解していただくために、まず公開されている情報から、TikTokに関するデータを確認してみましょう。

- 2016年9月29日に、中国のバイトダンス社よりDouyin（抖音）[5]がリリースされる。
- Douyin の国外版であるTikTokは、現在150以上の国と地域、75カ国語以上で事業展開されている（2019年7月時点）。
- 2018年9月、全米のApp Storeで最もダウンロードされた無料アプリとなった。
- 2018年第1四半期に世界で最もダウンロードされたアプリとなった（4580万DL以上）。
- 世界版TikTok＋中国版Douyin（抖音）のMAUは5億人、DAUは2.5億人（China Securities 2019/6/28発行のレポートより）。[6]
- 今後3年以内に世界版のユーザーを全体の50%に伸ばす意向[7]。

5　中国のDouyin（ドゥーイン、中国語表記では「抖音」）と日本を含む世界版のTikTokは完全に別個のアプリであり、機能も違います。
6　MAUはMonthly Active Usersの略で月あたりのアクティブユーザー数、DAUはDaily Active Usersの略で1日あたりのアクティブユーザー数のことです。
7　バイトダンス社・CEO張一鳴のコメントより。
出所：TikTok Revenue and Usage Statistics（2019）　https://www.businessofapps.com/data/tik-tok-statistics/

　驚きの数字が並んでいますね。中国でDouyinがリリースされたのが2016年ですから、たった2年で、TikTokは世界150以上の国と地域で展開されるようになり、2018年9月には米App Storeにてもっともダウンロードされたアプリに輝いたのです。

　全体のユーザー数でいえばまだDouyinが多くを占めていますが、CEOが「**今後3年以内に世界版のユーザーを全体の50％に伸ばす**」と宣言しているように、グローバル展開にも意欲的です。

　すでに「一時的なブーム」として終わる段階を超えたのは明らか、と言ってもよいでしょう。
　ではなぜ、TikTokは一時的なブームにとどまり消えていった多数のアプリの二の舞にならず、Facebook・Twitter・Instagramにもならぶ世界的なSNSになろうとしているのでしょうか。
　その理由は、大きく次の5点であるとわたしは考えています。

1. 「**テキスト・画像から動画へ**」という長期トレンドに沿っている。
2. 「**検索からレコメンドへ**」という長期トレンドに沿っている。
3. **プラットフォームとして確固とした強みがある。**
4. **母体となる運営会社の実力が図抜けている。**
5. **SNSとしての設計、運営戦略が優れている。**

　いずれもTikTokの成功に欠くことのできない要素ですが、より本質的・長期的と思われる順に解説していきましょう。

「テキスト・画像から動画へ」
という長期トレンドに沿っている

すべてのサービスが"動画化"していく

　まず前提として、現在の SNS の利用動向を押さえておきましょう。次ページの図表1をみてください。

　個人間の連絡手段としての用途で使われる LINE を除けば、Twitter、Instagram、YouTube の順番で頻繁に使われていることがわかります。現時点では依然、テキストをベースとした SNS が多く使われているといえそうです。しかし、「満足度」の観点でみるとどうでしょうか。次の図表2をみてみましょう。

　先ほどの図と同じサービスが並んでいますが、順位に変動が起こっています。YouTube、Instagram、LINE の順で上位が占められていることからも、**テキストよりも画像、画像よりも動きのある動画、すなわち人々はより情報がリッチなコンテンツを求めている**といえそうです。

　「Instagram は画像アプリじゃないの？」と疑問に思う方がいるかもしれませんが、近年ではストーリーズ（24時間で消えてしまう、60秒以内の動画を投稿できる機能）やライブ配信機能を導入したことからも、動画に寄りつつある SNS といえます。

　考えてみれば、この順位の変化は、決して不思議なことではありません。**人は他人とのコミュニケーションを求めて SNS をしているのですから、そこで得られる情報は、原則としてリアルに近いほどよい**はずなのです。好きなアイドルであれ、友人であれ、文章だけでなく、その人の声を聴き、笑顔をみたいと思うのが人間の本能なのでしょう。

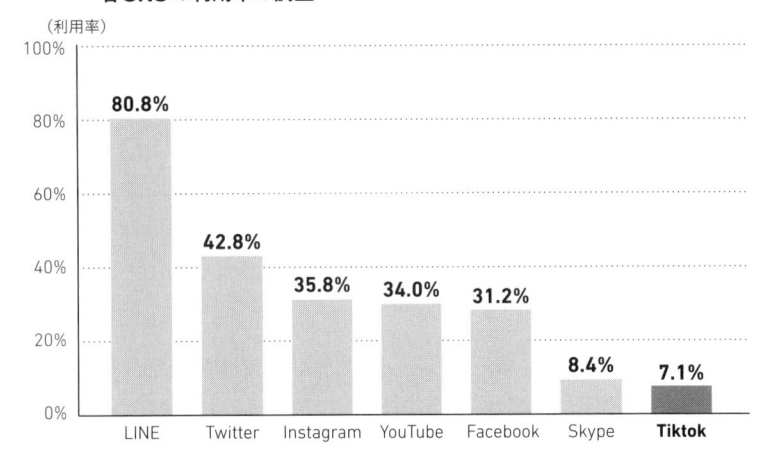

図表1　ICT総研が2018年11月に4000人に向けておこなった
各SNSの利用率の調査[8]

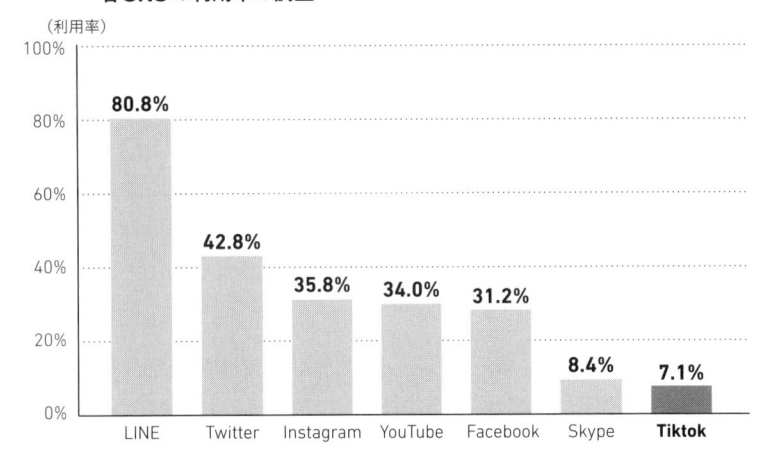

※回答者（n=4,022）。人とのコミュニケーションを主目的としたSNSを対象とした。
※YouTubeの動画閲覧に限定した用途は上記の利用率に含まない。
※2018年に不祥事があったFacebookはランク外となっている。

　こうした傾向を踏まえると、将来的・長期的に、ある仮説を立てることができそうです。

　それは、「**人々はテキストよりも画像を、画像よりも動画をコンテンツとして求めている**」。あるいは別の表現として、「**すべてのサービスは"動画化"していく**」というものです。

テキストの動画への優位性がなくなっている

　日本の皆さんにとって、この仮説はまだ乱暴なものに聞こえるかもしれません。

8　出所：https://markezine.jp/article/detail/30032
TikTok Japanの公式見解では、TikTokはSNSではなく「コンテンツプラットフォームでありSNS」。

図表2　各種SNSへの満足度

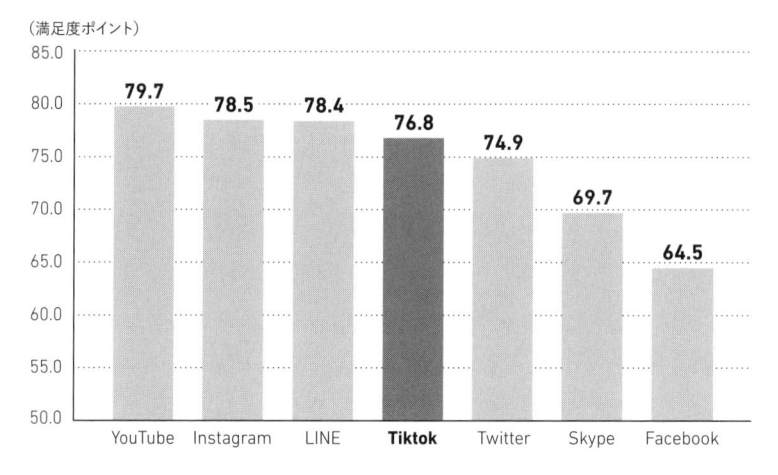

（満足度ポイント）

※回答者（n=4,022）のうち、各サービスを利用しているとした回答者による満足度。
※利用者数が200件以下のサービスを除く。

　「本当に人々はテキストよりも画像を、画像よりも動画をコンテンツとして求めているの？」「テキストのほうが動画よりも優れている点は、多々あるのでは？」——そう思う人も少なくないはずです。

　たしかに、まだテキストが動画より勝っている点はあります。しかし、テキストの利点とされるものの多くは、動画に追いつかれつつあるのです。

　まず、テキストがYouTubeなどの動画コンテンツに優っていた大きな点は、「ポータビリティ」（持ち運びやすさ）の高さでした。しかし今ではスマホによって、どこでも動画をみることができます。

　昔は、動画は家のテレビやパソコンでみるものでした。持ち運びできるコンテンツは、かばんに入る本や雑誌だけだったのです。スマホが登場してからしばらくも、持ち運べるのはテキスト（メールやTwitter、Facebook)がメインで、動画は自宅やオフィスでみるものでした。

　動画が「どこでもみられるもの」になったのは、スマホだけでなく通信環境が十分に進歩し、動画サービスも普及したつい最近のことなのです(現在でも、通信速度や容量の問題があり、持ち運びやすさはまだ決して高いとはいえませんが、この部分は将来的に徐々に改善されていくでしょう)。

　もう1つ、テキストの長所としてよく言われるのが、「テキストは自分のペースで読める」、言い換えれば「時間のコントロール権がユーザーにある」という点です。当初は情報量が少ないわりにスピードも遅いYouTubeに不満を抱えていた人も少なくありませんでした。しかし、最近では倍速機能がついたり、そもそも編集の時点で間を切ったり、しゃべる部分が倍速化されたりと解決に向かっています[9]。

　つまり、**「ポータビリティ」と「時間のコントロール権」という大きな2点で、動画はテキストと同レベルとなりつつあるのです。**もちろんテキストの強みが最後まで発揮される分野もあると思いますが、あらゆるところに動画が飛躍的に侵食していることは間違いありません。

スマホネイティブは動画で勉強する

　テキストが支配的だった分野で、動画が侵食している代表的なものとして挙げられるのが、「教育」です。

　これまで動画といえば、YouTubeをはじめエンターテインメント系の動画が多数を占めていました。それが、**わたしたちミレニアル世**

9　ONE MEDIAの代表・明石ガクト氏は、著書『動画2.0 VISUAL STORYTELLING』で、「時間に対する情報の濃度」を表す尺度として「Information Per Time = IPT」という概念を提唱しています。

代より下の Z 世代[10]以降になると、動画＝エンタメの図式が成り立たなくなっているのです。たとえば、「英語を勉強しよう」と思ったとき、わたしたちの世代であれば、まず参考書や単語帳を買います。一方、Z 世代はまず英語学習コンテンツを発信する YouTube を探します。

　最近知って驚いたのですが、日本でもわたしより 2、3 歳下の世代の人たちはみんな、YouTuber である "バイリンガールちか" さんの動画[11]で英語を勉強しているのです。1989 年生まれのわたしの世代では、まだ単語帳や文法書などの本や CD ベースに勉強をしていたので、大きな衝撃でした。

　しかし、素直に考えてみれば、英語は絶対に動画で勉強したほうがいいはずです。そのほうが確実に発音もよくなるし、会話もできるようになる。でもそれは、YouTube という新しい動画メディアが誕生してはじめて実現した選択肢なのです。

　これまでは会計を勉強しようと思っても、YouTube にそのコンテンツがあるという発想がありませんでした。しかし、もし YouTube に、書店と同じようにあらゆるジャンルのコンテンツが揃うようになれば、人々は自然に探しに行くようになるはずです。実際、**中国でも若ければ若いほど動画で勉強をし、情報収集している人が多くなっています。**

10　2000 年（もしくは 1990 年代後半）から 2010 年の間に生まれた世代のこと。生まれたときからインターネットが当たり前に存在する、真のデジタルネイティブ世代でもあります。オンラインとオフラインの境界線をあまり持たず、モバイル端末によって常に「接続」「つながっている」状態が自然です。当然、ソーシャルメディア（SNS）への参加傾向も強くなります。（参考：シマウマ用語集）

11　https://www.youtube.com/channel/UCPlreGCqby4Qg9Vuem5scpw

　ちなみに、わたし自身も、第一言語は日本語で中国語に関しては準ネイティブなので、中国では文章よりも動画で勉強したほうがストレスは少ないと感じます。なので、本をテキストのまま読むよりも、音声で読み上げてくれる「得到（デタオ）」というアプリを使うことのほうが多くなっています。音声を倍速にしつつテキストも追えるので、すごく便利です。

中国では通販サイトの商品レビューも動画になっている

　このように、中国ではすでにあらゆる学習系のコンテンツが動画に置き換えられているのですが、さらに進んで、オンラインショッピングの場においても、商品紹介がテキストや写真ではなく動画が主流になり始めています。次ページの写真は中国最大のECサイトであるタオバオ（淘宝）[12]の商品紹介ページです。

　少しわかりにくいですが、上2つが出品者による商品の解説のページ、下3つがその商品を購入した顧客のレビューです。再生ボタンや時間の表示からもわかるように、その両方に動画がアップされています。

　驚くべきことに、商品レビューさえも、テキストではなく動画に置き換わりつつあるのです。

　このように、**中国ではなにを学習するにせよ、情報収集するにせよ、動画を通じておこなうのが当たり前になりつつあります。**

　しかし、こうしたあらゆるコンテンツの動画化は中国に限定される話ではありません。

12　アリババが運営する中国最大のECプラットフォーム。

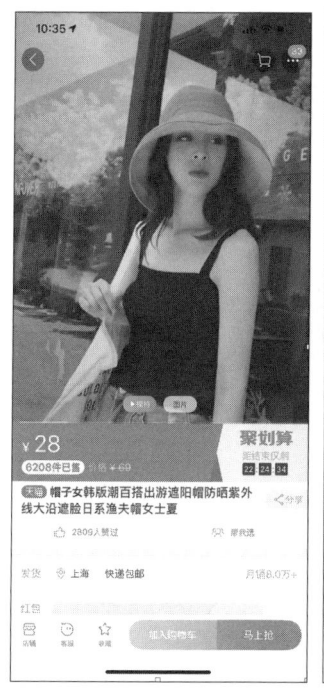

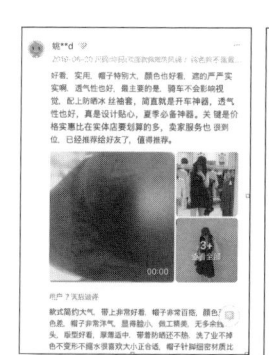
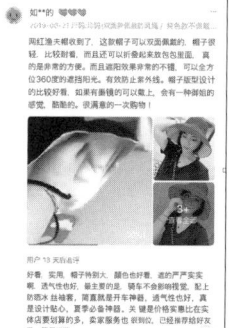

　事実、日本においても YouTube や TikTok の視聴率や浸透度は右肩上がりで伸びています。昔は cookpad（クックパッド）[13] でテキストのレシピを調べていたのに、現在は kurashiru（クラシル）[14] に代表される動画のレシピがその需要を置き換えつつある、という動きもわかりやすい事例でしょう。

　社会の大きな潮流をみれば、**今後もあらゆるジャンル、タイプのコンテンツで動画が増えていく**のは自然な流れなのです。

　日本において、中国と同程度のレベルまで動画が浸透するのが半年後なのか来年なのか、3年後なのかはわかりません。ただ、その変化は必ず訪れる。いやすでに起こり始めたと言ってよいでしょう。

　加えて、2020年の実用化に向けて開発の進む新技術「5G（第5世代通信）」[15] も TikTok をはじめとした動画サービスの後押しになるはずです。

　Instagram のような画像サービスは、3G（第3世代通信）よりも高速化された4G（第4世代通信）がインフラとして普及したことで社会に浸透しました。4Gよりも格段に通信速度の速い5Gへの移行によって、動画コンテンツが社会の隅々まで浸透する時代がやってくるのです。

13　クックパッドの運営による料理レシピのコミュニティウェブサイト。1998年3月開設。316万品を超えるレシピ、作り方を検索できます。

14　dely が運営する料理動画プラットフォーム。3万2000件を超えるレシピから、料理や献立のアイデアがみつかる、無料の料理レシピ動画アプリです。

15　第5世代移動通信システムの略称で、スマホなどの通信に用いられる次世代通信規格のこと。5Gは4Gに比べて通信速度は20倍、遅延は10分の1、同時接続数は10倍といわれています。（参考：KDDI IoT ポータル）

図表3　デイリー／マンスリーでの微博ユーザー数の増加率推移

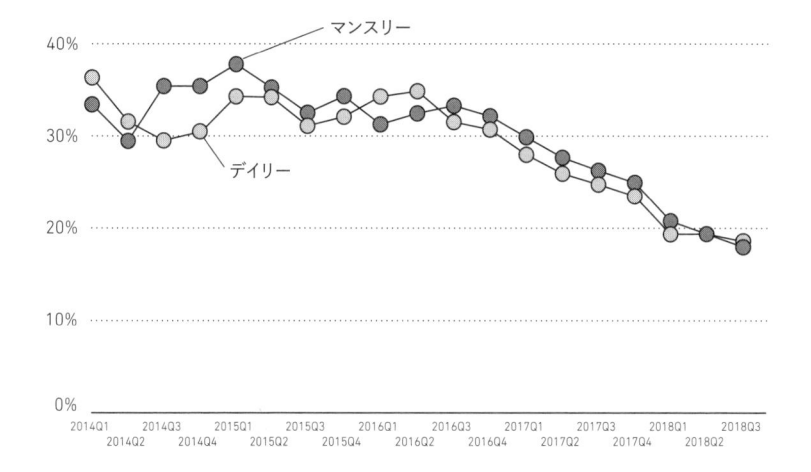

出所：微博決算報告

中国版 Twitter「Weibo」も動画サービスへ大転換

　中国の SNS 内での動画事情も、ここで少し補足しておきましょう。

　2018年、中国版の Twitter として有名な Weibo（微博）[16] は、動画サービスへ大転換することを発表しました。ショートムービーの隆盛に押されてユーザー数の増加率が鈍化し始めたことに加え（図表3）[17]、Weibo 内の投稿自体も動画のコンテンツが増えたことで、プラットフォームとして根本的な対応を余儀なくされたのです。

　こうした流れはなにも Weibo に限った話ではありません。**中国では、**

---

16 中国の大手メディア企業、新浪（シンラン）が運営。「微」はマイクロ、「博」はブログの意味です。その名前のとおり、中国版の Twitter として社会に浸透しています。テキストや動画が Twitter と同様に投稿でき、リツイート機能もあります。ちなみに、WeChat は「中国版 LINE」です。

17 参考：https://36kr.jp/17152/

テキストサイトやニュースアプリなど、少しでもSNS的な要素を含むサービスでは、ショートムービーの機能が入っていないものを探すほうが難しいくらいです。どんなサービスでも必ず、ライブ配信かショートムービー、あるいはその両方を機能として備えています。

　日本では文章がほとんどのブロガーも、中国では音声や動画で発信している、というのもわかりやすい事例でしょう。

　最近の中国では、文章ではなく、音声でブログを発信する方針に切り替えるブロガーが増えています。また、Vlog（ブイログ）[18] と呼ばれる、文章ではなく映像を用いて、ブログのように日常生活を描くことも2018年ごろからブームになっています。これは実際にみてみないとうまくイメージができないかもしれませんが、「おしゃれな自分をみせたい」というInstagram的な動機からのコンテンツではなく、本当に日々の日常を映しているだけ、という内容なのです。

　文化や国民性の違いもあるので、変化の度合いがどの程度になるかは不明ですが、日本においても、今後数年で一気に動画がSNSやプラットフォームを侵食し、一般の人も動画で発信をし始めるというのは、ほぼ確定した未来なのではないでしょうか。

---

18 Vlog は2012年に初めてYouTubeで登場したといわれています。2018年上半期から中国でもVlogがホットワードとなり、TikTokを運営するバイトダンス社もそのビジネス化に乗り出しています。

「検索からレコメンドへ」
という長期トレンドに沿っている

TikTokでは好きなコンテンツが「何もせずに」「次々と」出てくる

　TikTokが世界最強のSNSになり得る理由の2つめは、その「**レコメンド機能**」の強さです。

　TikTokというアプリの最大の特徴の1つは、ユーザーが「自分で動画を探さなくてよい」ことにあります。バイトダンス社が誇る強力な機械学習の技術が、視聴者ごとに最適化された動画をお薦め（レコメンド）してくれるのです。そしてユーザーがTikTokを使えば使うほど、その精度は高くなります。

　加えてTikTokは、「画面をスワイプするとすぐに次の動画になり、動画終了後には自動リピート」と、ユーザーに次々と動画をみせる連続性にも長けています。
　動画メディアにとって、この「ユーザーが連続して視聴してくれるか否か？」はとても重要な指標です。

　ほかのサービスでも、たとえばNetflix[19]のユーザーであれば、この「**連続視聴**」**を強く意識した仕様の強力さ**を体感しているはずです。たとえば連続ドラマのコンテンツであれば、1話をみおわるとシームレスに、絶妙に計算された間でストレスなく次の話に移っていきます。Netflixをみはじめると、ついつい「あともう1話だけ……」を繰り返してしまう、という人も多いのではないでしょうか。

19　契約者数が世界で1億2500万人を超える、アメリカの映像ストリーミング配信事業会社。過去の映像作品だけでなく、オリジナルのコンテンツも多数作成しています。

　一方で、YouTubeはまだまだユーザーに連続視聴をさせる設計が弱いと感じます。たとえばYouTubeで動画をみていると、途中でまったく関係ないCMが挟み込まれることがあります。この中断は、視聴者の連続性を損なってしまう仕様です。それに対して**TikTokの場合、CM動画すらも完全にコンテンツに溶け込んでいるため、視聴体験が中断される感覚がほぼありません。**それによって、ユーザーが圧倒的にハマってしまう中毒性が生まれているのです。

　ちなみに、2019年2月時点の、中国版TikTokであるDouyinの1月あたりのユーザー平均使用時間は67分。また日本のTikTokの平均使用時間は41分とのこと[20]。

　「Douyinを触っていたら、気づいたら2時間が経っていた」といったことがユーザーたちの間で頻繁に起こり、事態を重くみた中国政府から「90分以上継続使用しているユーザーにアラートを出すように」とのお達しが下りました。今では一度アラートが出現すると、4桁の数字を打ち込まないとロックが解除されない仕様になっています[21]。

　アメリカやインドのメディアでもしばしば、こうしたTikTokの中毒性が指摘されています。中国のIT企業のなかでも、**バイトダンスはとりわけユーザーの可処分時間を奪うのが上手な会社**と認識されているのです。

　図表4に、2017年と2018年のスマホにおけるユーザーの利用時間比率（各IT会社ごと）をまとめました。この1年で、バイトダンス

20　Douyin についてはQuestMobileによる調査より。
　　http://www.sohu.com/a/297952958_116126
　　日本のTikTokについてはバイトダンス社のメディアガイド（2018年4Q）より。
21　参考：为什么刷抖音会上瘾？　解析抖音反沉迷系统
　　https://www.xinmei6.com/news/view/newsId/14329.html

図表4　スマホにおけるユーザーの利用時間比率の推移

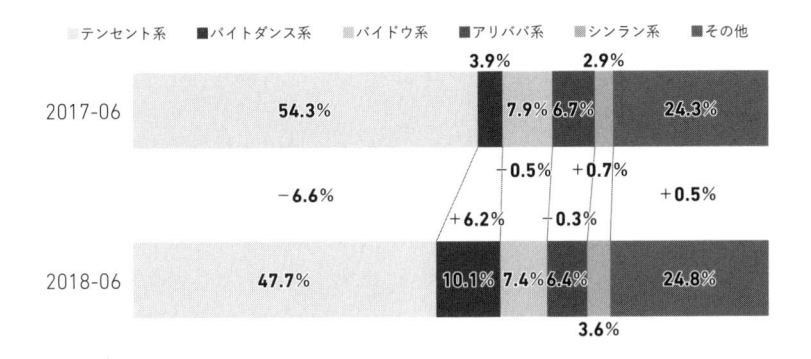

出所：QuestMobile 移動互聯網全景流量洞察

図表5　抖音（Douyin）と快手（Kuaishou）の使用時間の比較

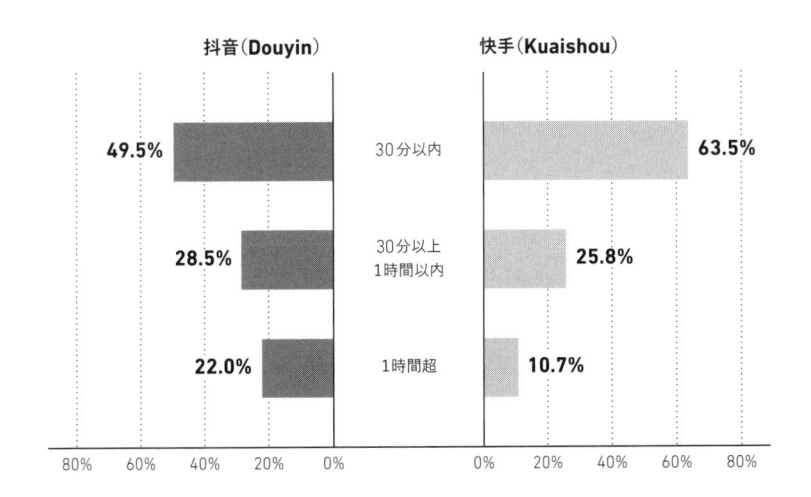

が3.9％から10.1％へと急激に数字を伸ばしていることがわかります。また図表5は、中国版TikTokである抖音（Douyin）と、そのライバルである快手（Kuaishou）の使用時間を比較したものです。Douyinのほうが明らかに長時間使われていることがわかります。

　ユーザーにコンテンツをレコメンドする機能自体は、なにもTikTokオリジナルではありません。YouTubeにもレコメンド機能はありますし、多くのプラットフォームで実装される機能の1つです。また、TikTokにも検索機能は付いています。しかし、**ここまで検索よりもレコメンドに振り切ったサービスは、TikTokが初めてなのです。**

　本当に最近まで、ネット上で情報に接する際にユーザーがとる行動は、あくまで「検索」でした。いま起きているのは、その「検索」がついに「レコメンド」にとって代わられようとしているという、大きな潮流の変化です。

　この歴史的転換の背景には、近年のAI技術の驚異的な進歩[22]があります。それが次の「TikTokが世界最強のSNSになり得る理由」にもなっています。

プラットフォームとして
確固とした強みがある

快適なレコメンドを実現する、世界一の機械学習

　SNSが一過性のブームで終わるか否かを判断するには、「**プラットフォームの強さの核がどこにあり**」「**なにを一番の武器としているの**

22　AI（人工知能）分野は、機械学習、特にディープラーニングという技術の進歩により、近年飛躍的な進歩を遂げました。2016年3月にはGoogle傘下のDeepMindが開発した「AlphaGo」が囲碁で韓国のトッププロ棋士に勝利し、大きな話題を呼びました。

か」という点が重要になります。

　日本では大きなブームになりませんでしたが、Snapchatは一時期アメリカを中心に大流行しました。ヒットの最大のポイントは「送信した画像・映像が24時間以内に消える」という、既存のSNSとは完全に異なるアイデアにありました。その新しさや一種の安全性が、既存のSNSに辟易していた若者たちに熱狂的に受け入れられたのです。

　同様に、SNOWも自撮りを手軽に加工できる[23]アプリとして世界的にヒットし、日本でも若い女性に大流行しました。

　しかし、「盛れる」のもそれをスタンプにできるのも、革新的だったのは「アイデア」そのものです。

　どれだけ優れたアイデアだとしても、アイデアそのものは真似されやすく、賞味期限があります。事実、Instagramがストーリーズを機能として実装してからSnapchatは下火になりましたし、わたしの感覚ではSNOWも、同様のサービス[24]が多数登場にするにつれて徐々に飽きられてしまったと考えられます。

　では、TikTokのアイデアが真似されたり、大資本に飲み込まれたりしてしまう心配はないのでしょうか?

　TikTokの優位性としては、「イケてる音楽」×「ショートムービー」といったユニークなポジショニングや、バイトダンス社のマーケティング力などが挙げられますが、**最大の強みは熾烈な競争のなかで**

23　「自撮り」写真を加工することを「盛る」といいます。
24　たとえばLINEが提供する「B612」などは、SNOWとは違うテイストで画像を加工するアプリとして人気になりました。

磨き込まれた「技術力」です。

　詳細は本書の後半で解説しますが、中国において、ショートムービーはDouyin（TikTok）が生まれる前からすでに産業として確立されていました。Douyinと、その他の約130個も存在するショートムービー・アプリとの間に、動画プラットフォームとしての（表面的な）機能の違いはそれほどなかったのです。

　Douyinがこれらのサービス群から頭ひとつ抜け出せた最大の要因が、レコメンド機能の背景にある機械学習の技術でした。わたしの見立てでも、中国のスタートアップ業界内の定説としても、バイトダンス社の技術、とりわけレコメンドをおこなう技術のレベルは世界一である、と断言しても決して過言ではないのです。

クリエイターからみたTikTokのレコメンドのすごさ

　TikTokのレコメンドのシステムは、視聴者だけでなくクリエイターにとっても重要な意味を持ちます。

　TikTokのレコメンドのシステムは、「クリエイターのフォロワー数に限らず、優良なコンテンツを評価し、適切なユーザーに届ける」という理念のもとで設計されています。よって、たとえ駆け出しのクリエイターが投稿したコンテンツであっても、平等に一定量の初期アクセスが付与されます。そこから、コンテンツのいいね数、シェア数、視聴完了率、コメント率など、アクセスを配布した先のユーザーからの評価を見て、良ければさらに大きなアクセスを渡す……といった仕組みになっているのです。

　したがって、フォロワーがまったくいない新参者のクリエイターでも、良質で面白いコンテンツを作れば、一発目で評価されて膨大なアクセスを獲得する可能性もあります。一方で、フォロワー数百万人のようなビッグアカウントのインフルエンサーでも、手を抜いた面白く

ないコンテンツを上げれば、広く拡散されることはないのです。

　この仕組みは、フォロワー数絶対主義の他 SNS（Twitter、Instagram、YouTube）とは一線を画しています。

　女子高生たちのダンスやリップシンクなどの「アイデア」は、ブームとして遠からず過ぎ去っていくでしょう。しかし、こうした**Tik-Tok の裏側にあるバイトダンス社の圧倒的な技術力は、一朝一夕に真似できるものではないのです。**

なぜバイトダンスのレコメンド機能は GAFA に勝るのか

　繰り返しますが、TikTok のレコメンド機能は世界最高レベルであり、GAFA（Google, Amazon, Facebook, Apple）も、テンセントもアリババもその一点においてはバイトダンス社の後塵を拝しています。

　現在、経済的に最も大きなインパクトを持つテクノロジー領域がAIであることは、ここで説明するまでもないでしょう。世界に君臨するGAFAは、いずれも大量のデータを保持しており、その分析と活用をおこなう AI 技術の開発に力を入れています[25]。

　こうした世界のトップ企業に対し、なぜバイトダンスは頭ひとつ抜け出せているのでしょうか。その答えを端的にいえば、「選択と集中」をしてきたからです。

　たとえば、Google は検索技術の会社として誕生しましたし、現在も「検索」が多くのサービスのベースにあります。Amazon は（サイ

25　データ、とりわけ個人情報へのスタンスは GAFA でも企業ごとに異なっています。なかでもApple は例外的に、社の方針として個人情報をビジネスに活用しないことを明言しています。

ト内における) 検索とレコメンドの両方の技術に磨きをかけていますが、あくまでもメインのフィールドはオンラインショッピング。

Facebookは2018年に、TikTok風のアプリ「Lasso」をローンチしましたが、未だ成長途上であるうえに、社としてもレコメンド機能の開発だけに集中しているわけではありません。

それに対してバイトダンスは、Douyin (TikTok) をローンチする以前の2012年から、現在も同社の主力サービスの1つであるニュースアプリ「Toutiao (今日頭条)」において、機械学習の最適化に邁進していました。Toutiaoは、自社コンテンツを制作することなく、他社が作ったコンテンツをそれぞれのユーザーに適切に届ける、完全なるレコメンド型のサービスです。

TikTokは、検索機能をほとんど使わなくても楽しめる仕様となっていますが、その背景には**ニュースアプリの開発で磨かれた、ユーザーへのレコメンドに特化した機械学習の技術**があったのです。

ここに、バイトダンスとGAFAの一番大きな違いがあります。GAFAにとって、レコメンド技術は主軸サービスを使いやすくするための一機能でしかありません。それに対して、バイトダンスにとってレコメンド技術自体が会社の主軸なのです。

より正確にいえば、バイトダンスにとっては、Toutiaoも、Douyin (TikTok) ですらも、その主軸たるレコメンド技術を活かすための手段でしかありません。この姿勢は、バイトダンスという社名からもうかがうことができます。FacebookもAmazonも社名がメインサービス名そのものであるのに対し、バイトダンスはアルゴリズムやビッグデータが自分たちのコアだと言わんばかりの社名 (Byte + Dance) なのです。

　バイトダンス社は 2012 年の創業当初から、競合である中国企業、そして GAFA が強みとする既存事業での競争を避け、当時新たな事業領域であった**ビッグデータと機械学習技術を用いたアルゴリズム開発に一点集中してきました**。その「選択と集中」があったからこそ、レコメンドという領域において、短期間で世界トップの地位にまで駆け上がったのです。

中国固有の事情も後押しする

　バイトダンス社が、レコメンド機能の裏側にある機械学習技術の開発に力を入れることができたのは、中国固有の事情もあるように思います。

　世界的な趨勢としては、ヨーロッパの GDPR（EU 一般データ保護規則）[26] しかり、2018 年に起きた Facebook の個人情報流出事件[27] しかり、個人情報の保護意識は高まる一方です。また、しばしば問題は起きていますが、著作権などの知的財産の権利も保護され、社会的にも浸透しつつあるといえるでしょう。

　しかし中国では、個人情報に関する国民の意識が欧米諸国とは大きく異なります。率直な表現をすれば、**中国では「便利になるのであれば、個人情報をプラットフォームに明け渡すことに賛成する」**といった考えをする人がマジョリティを占めているのです。

26 General Data Protection Regulation ＝ EU 一般データ保護規則のこと。2018 年に施行された EU（欧州連合）の個人情報保護法制です。個人データの処理に関する個人の保護、および個人データの自由な流通のための規則を定めたもので、EU 加盟国に直接適用されます。EEA（欧州経済地域）から第三国や国際機関に個人データを移転する場合には所定の手続きが必要となります。（コトバンクより）

27 Facebook は 2018 年 4 月 4 日、アプリを通じて英国のデータ分析会社ケンブリッジ・アナリティカに個人情報が流出した問題で、被害に遭ったユーザー数が最大 8700 万人に上った可能性があると発表しました。（Bloomberg 2018 年 4 月 5 日）

　そもそも、中国ではすべての国民にID番号が付与されており、それが記載された「身分証」が一人ひとりに発行されています。日本のマイナンバーカードに当たるものですが、中国においては身分証の取得が「義務」であるというのが大きな違いです。公的な施設の利用や飛行機・高速鉄道に乗る際の本人確認にも用いられるため、常に携帯しておく必要があります。

　この身分証によって、すでに公的な制度や多くの民間サービスの利用履歴などが吸い上げられているため、国民のあいだで「個人情報は自分のもの」という意識が希薄なのです。

　これは日本を含む中国以外の国、とりわけGDPRを施行してGAFAへの警戒心を高める欧州とは正反対の文化的土壌といえるでしょう。

　中国と欧米でのユーザーの個人情報への意識の強さの差は、**膨大な個人情報を必要とするレコメンド機能だけでなく、あらゆるイノベーションの起きやすさ、といった点で大きな差になるはず**です。

　事実、中国においてはAI関連領域を中心に、有望なスタートアップが次々と生まれています。たとえば、個人の信用情報をスコアリングする「セサミ・クレジット[28]」(芝麻信用)、顔認識技術を牽引する「SenseTime」(商湯)などなど。

　その大きな理由として、データの取り扱いに関する国民の態度の違いがあるといわれているのです。

　他にも中国では、今後、やはりセンシティブな個人情報を膨大に必

28　社会における個人や企業の「信用」をポイント化して可視化したシステム。交友関係や学歴や公共料金支払い記録なども評価に含まれ、高スコアであれば金利の優待などさまざまなメリットを得られます。

要とするヘルスケア分野などで文化的土壌を生かした企業が生まれることが予想されています。

母体となる運営会社の実力が
図抜けている

バイトダンスは世界一のユニコーン企業

次の「TikTokが世界最強のSNSにもなり得る理由」は、運営母体であるバイトダンスの、企業としての実力の高さです。

バイトダンスは2018年に時価総額8兆円を突破し、当時トップに位置していたUberを超え、世界一のユニコーン[29]になりました。同社はスタートアップやテクノロジー企業、ベンチャーキャピタルに関する独自の情報を提供する機関「CB Insights」が選ぶ「AI分野のトップ100社」や、米国ビジネス誌『Fast Company』が選ぶ「最もイノベーティブな企業リスト」[30]にも選出されています。また、従業員数はAIエンジニアを含めて3万人以上となっており、平均年齢が20代と若いのが特徴です。

同社が2016年に立ち上げたAIラボの主任を務めるのは、マイクロソフト・リサーチ・アジアで重役だったWei-Ying Ma氏。2018年8月には米国のインテルと共同で、AI活用のリサーチを進めていくことをアナウンスしました。

知る限りでは、バイトダンスは同ラボを設立する以前の2012年頃

---

29 評価額が10億ドル以上の未上場のスタートアップ企業のこと。Uberは当時未上場でした。
30 The 2018 World's Most Innovative Companies（https://www.fastcompany.com/most-innovative-companies/2018）

から、データサイエンスの精鋭を集めながら、ビッグデータや機械学習の領域に注力していました。アリババやテンセントがこの分野を重点化し始めたのが2014年頃からであることを考えると、バイトダンスがいち早く行動し、先行者優位を築いていたことがわかります。加えて、AIにおける技術革新の中核である機械学習分野の1点に注力してきたことも現在の強みにつながっています。

　また、中国では国を挙げてAI分野に舵を切っているので、政府からの後押しも強くあります。中国という国で政府からバックアップを受けることの意味は、米国や日本におけるそれよりもはるかに大きいのです。

　このようにバイトダンスは、資金力・技術力・政治力のどのアングルから捉えても申し分のない、**世界最強のAI企業**になりつつあるのです。

　同社については未上場ということもあり、アリババやテンセント、バイドゥなどと比べると、中国国内においても公開されている情報が格段に少ない状況です（一説には、CEOがマスコミ嫌いとも言われています）。しかし、Douyin（TikTok）の誕生の経緯からは、その一面をうかがい知ることができます。これについては、第4章で詳しくお話ししましょう。

SNSとしての設計、運営戦略が優れている

　ここまでTikTokが世界最強のSNSになる理由として、長期的なトレンドからの視点とプラットフォームとしての強さ、運営企業であるバイトダンスの実力を解説してきました。最後のポイントとして、

TikTokのSNSとしての長所を「設計・運営」面からみていきましょう。

圧倒的にみやすい「短尺+レコメンド」

　TikTokをみはじめると、まずその圧倒的な「みやすさ」が印象に残るはずです。その最大の理由は動画の長さにあります。YouTubeの動画の最適とされる長さは**5〜8分**であることに対し、TikTokはわずか**15秒〜1分**です。

　TikTokでは、ある程度のファンを獲得したユーザーにのみ、1分以上の動画投稿を許可する仕組みをとっています。それによって、1分以上の動画はコンテンツの質が担保されたものだけに限定されることになります。結果、気軽にみられる15秒の動画と、クオリティが高い1分の動画だけがプラットフォームにある状態となります。それに加えて、すでに説明したレコメンド機能がありますから、**視聴者にとっては気軽にみやすく、ハズレを引いて失敗する確率も少ない状態**になるのです。

投稿のハードルの低さ

　コンテンツが15秒という短い動画に決められているということは、**投稿者にとってはアップするハードルが低い**ことも意味します。

　また、TikTokで初期に流行したリップシンクに代表されるように、既存のコンテンツを模倣することが歓迎される、ショートムービーならではの文化も重要なポイントです。すでにある動画を少しアレンジして真似すれば、投稿するネタに困ることはありません。口パクをすればよいだけなので、基本的に自分の身体と顔さえあればいい。しかもスマホで簡単に映像編集もできます。これも中高生の人気を獲得した理由の1つといえるでしょう。

　Instagramをみてみれば、ストーリー以外の、投稿されているコンテンツのほとんどが何らかの消費を伴った趣味情報です。旅行に行った際の綺麗な風景や、巷で流行っているパンケーキ屋、あるいは買ったばかりのブランド品などの写真が並びます。こうした「映える」コンテンツが集まることによる、非日常性が求められる空気感がプラットフォームに漂っています。

　一方TikTokでは、「○○へ行こう！」「○○を消費しよう！」といった**消費情報、趣味情報が前提とされていません。**そのために心理的な投稿のハードルが低いのです。

　撮影する場所は自宅でもいいし、教室でもいい。音楽もフォーマットも用意されているので、極端な話、自分でネタを考える必要すらありません。

　それでいて、SNOWのような加工フィルターやクールな音楽のおかげで、誰でもかわいく自分を映すことができる。コンテンツに音楽が乗っかっていることは意外と重要で、音楽がかかるだけで、一気にコンテンツがそれっぽくみえる作用が働きます。音楽に合わせるからこそ、視聴者は感情移入してしまいますし、動画がかわいくみえます。

　以上の要素からもたらされる**投稿ハードルの低さが、経済的に余裕のない若者たちの間で爆発的にTikTokが支持を集めた要因なのです。**

承認欲求を堂々と満たせる

　SNSが一般的になった現代においては、承認欲求をストレートに追求できるプラットフォームであることも重要なポイントです。たとえば、TikTokには「#TikTokで有名になりたい」や「#広告で有名になりたい」といったハッシュタグがあり、**堂々と前向きに承認欲求**

を追求できる空気感が漂っています。

　特に日本では、世代によってはまだまだ自分の顔を出すことを躊躇したり、恥ずかしさを覚える人が少なくありません。だからこそ、「TikTokはそういう場所だよね」と素直に自分を出して語れる空気感は、無視できないプラスのポイントになっています。

SNS疲れがない

　「SNS疲れ」という言葉が生まれたように、顔見知り同士でつながるSNSに疲弊する人が増えつつあるといわれています。FacebookやInstagramでは、知人友人からの「いいね！」の数が可視化されるため、周りの目が気になり、息苦しさを覚えてしまうのです。それにより、知り合いと密につながるSNSよりも、緩やかにマスとつながるSNSを好む人が増えてきたのです。

　また逆に、少数の知人とだけつながりたいという人も増えているはずです。SNSに求めることが、個人ごとに明確に分かれてきたといえるのでしょう。

　TikTokでは、友達とつながったとしても、自分がアップした動画が必ず友達のところにいく（レコメンドされる）わけではありません。知り合い同士でコンテンツをみせ合うよりも、知らない人同士で緩やかにつながり、評価し合う傾向が強い。そうした**リアルとの距離感、友達の目線や評価を気にしなくていいという点**が、現代社会の空気感にハマりつつあります。

ユーザーのエンゲージメントが高くなる構造

　SNSにおいて「いいね」がつきやすくフォロワー数が伸びやすいことを、「エンゲージメントが高い」といいます。TikTokは、他の

SNSと比較してもエンゲージメントが高く保たれやすい設計になっています。

その理由は、やはりレコメンド精度の高さにあります。日本のTikTokには現在、2つの種類のタイムラインがあります（中国版であるDouyinでは3種類。詳細は第3章でも解説します）。1つのタイムラインは自分が上げた動画で、もう1つは自分が「いいね！」をつけた他の人の動画です。

後者のタイムライン上では、スワイプをすることで次から次へと動画が出てきます。しかも、フォローをしていない人の動画もバンバンさしこまれてくるため、ユーザーは気に入ったコンテンツを、「この動画、面白い！」「この人の動画は見逃せない！」と、**ブックマーク感覚でどんどん「いいね！」を押していく必要がある**のです。

検索型のプラットフォームではないからこそ、エンゲージメントが高まりやすい構造になっているといえるでしょう。

一方、YouTubeの場合、チャンネル登録をしてもらわない限り、動画をみてもらえる可能性は低い構造になっています。アルゴリズムでレコメンド機能が強化されているとはいえ、もともとは検索型のプラットフォーム設計であるため、たとえば、ニッチなジャンルであればあるほど、検索をしてもらわない限り自分のコンテンツにたどり着いてもらえないのです。

繰り返しになりますが、TikTokは完全レコメンド型なので、プラットフォーム側がある意味無理やり、動画をみせることができます。そして先ほど説明したように、エンゲージメントが高く保たれやすい設計にもなっているため、**TikTokを使い始めたばかりの人でも、はじめからマスにコンテンツを広めやすいようになっている**のです。

日本
日本のTikTokの2つのタイムライン。
左は自分が上げた動画、
右側は自分が「いいね」をつけた動画。

中国
中国のDouyinの3つのタイムライン。
左から順に
「作品」「モーメント」「いいね」。

インフルエンサーとの強い関係性作り

　最後に、バイトダンスの特徴的な運営方針を紹介しましょう。

　バイトダンスは社として、インフルエンサー（コンテンツクリエイター）との関係構築に相当な力を入れています。先ほども触れたように、中国ではショートムービー業界に無数の企業が存在しているため、コンテンツクリエイターの取り合いが起きています。**いかに魅力的なコンテンツを提供してくれる作り手を確保できるかが、プラットフォー**

ムからユーザーを逃さない鍵になるからです。

　そこで、バイトダンスは中国において2017年11月に、コンテンツ発信者を招いた大型のパーティーを開催。コンテンツ制作者の支援に力を入れると宣言しました。インフルエンサーがしっかりと収益を上げられる体制を整え、フォロワー（ファン）の増加やコンテンツ作成のサポートの予算として3億ドルを投じることを発表したのです。

　加えて、「2018年末までに100万人のフォロワーを抱えるインフルエンサーを1000人生み出す」と目標を掲げ、今後も会社の方針としてインフルエンサーを支援し、強い連携をとっていく姿勢を表明しました。

　日本でも2019年に入り、同様の動きをみせ始めています。1月末に、5億円の予算を投じるクリエイター育成プログラムの開始を発表しました[31]。ファッション、コスメ、グルメ、ゲーム、旅行、二次元など20カテゴリーのクリエイターを1000人公募し、フォロワーが1万人になるまで育成・サポートするという内容です。

　2月には、大物YouTuberであるHIKAKINさんらをゲストに招き、TikTokのクリエイターを400人集めた「TikTok CREATOR'S LAB. 2019」を開催。この場では、西田真樹氏（バイトダンス社日本法人副社長）からクリエイター向け収益化システムの実装が予告されました[32]。

　強調したいのは、**バイトダンスは自分たちのプラットフォームを自由に開放するよりも、インフルエンサーと関係を構築しながら、主体**

31　出所：TikTokが2019年クリエイター育成プログラムの開始を発表
　　https://prtimes.jp/main/html/rd/p/000000041.000030435.html
32　出所：TikTokが収益化プログラム開始を予告！　CREATOR'S LAB. 2019現地レポート
　　https://techable.jp/archives/93199

的に管理していく姿勢が明確だということです。先ほども紹介した2月におこなわれたイベントに加え、3月には「TikTokオーディション2019」を開催。インフルエンサーへ投資し、モチベートしながらサポートしていこうとしています。

　近年になり、YouTubeも同様の動きをみせつつありますが、立ち上がってからまだ若いプラットフォームであるTikTokが初期からこうした動きをしていることに注目すべきでしょう。いかに彼らがクリエイターの育成に本気かが伝わってきます。

　ちなみに、インフルエンサーとの連携を重視するバイトダンスは、インフルエンサーと企業の直接契約を禁じています。たとえば化粧品会社から商品紹介の依頼がきた際、インフルエンサーはTikTokが公認しているマルチチャンネルネットワーク (MCN)[33] に話を通すか、自らバイトダンス社に申告しなければなりません。

　ショートムービーの業界外にはなりますが、Netflixもバイトダンスと同様、相当額の予算を割きながら手厚くクリエイターをサポートしているそうです。対照的に、YouTubeはクリエイターと距離を置き、プラットフォームに徹している。この姿勢の違いが、両社の成長にどのように影響を与えるのか、注目したいところです。

---

33 視聴者の開拓、コンテンツのプログラミング、クリエイターのコラボレーション、デジタル著作権管理、収益化、営業などを含むサービスを提供するサードパーティのこと。第4章でも解説します。

コラム1
テンセント——バイトダンスに立ちふさがるITの巨人

　中国では、Baidu（バイドゥ：百度）、Alibaba（アリババ：阿里巴巴）、Tencent（テンセント：騰訊）をまとめてBAT（バット）と呼び、中国のインターネット業界を代表する3大企業と位置づけています。このうち、TikTokと関連性の高いテンセントとアリババについては、コラムの形でより詳細にお話ししていきましょう。

　テンセントは1998年、「中国のビル・ゲイツ」と呼ばれるポニー・マー（馬化騰）によって設立されました。「最高のプロジェクト・マネージャー」と自称する彼は、寡黙なエンジニア気質の性格が有名です。暇さえあれば自社のプロダクトの改善点を探し、夜中の2時でも末端のエンジニアにメールを送るという逸話があるほど。アリババのジャック・マーが積極的にメディア露出するのに対し、シャイで職人肌のポニー・マーはメディアに出ることを嫌います。

イノベーションよりも改良を重視する「超越式模倣」
　アリババが次々と新規事業を仕掛けるイノベーティブな会社といったイメージを持たれているのに対し、テンセントは"ファーストペンギン"としてゼロから新しいサービスを作り出すことはほとんどありません。
　その背景には、ある領域で流行っているプロダクトやサービスがあったとき、「一番早いものよりも、一番ユーザーを満足させたものが優れている」というポニー・マーの信念があるからです。先駆者を徹底研究し、改良したプロダクトを後から出す。そしてそれを圧倒的な資本力と広告力によって押し出し、先行者を超えていく、というのがテンセントの常套手段なのです。こうしたスタイルを自ら「超越式模倣」と呼んでいます。

　数年前、ポニー・マーが香港大学で講演をした際、「ポニーさんはいつもシリコンバレーの模倣ばかりしていませんか？」との質問を受けました。それに対し、「インターネット業界は模倣されてなんぼ。我々も早くシリコンバレー

に模倣される立場になりたい」と回答していたのが印象的でした。

転機となったコミュニケーションツール「QQ」

　下請けのソフトウェア開発会社としてスタートしたテンセントにとって転機となったのが、PC用コミュニケーションツール「QQ」の開発でした。イメージとしてはSkypeやMSNメッセンジャーに近い、PC用のメッセンジャーサービスです。

　当時、類似のサービスはすでに複数存在していましたが、QQは多くのユーザーを獲得することに成功します。総ユーザーは9億人、アクティブユーザー数は4億人にも及びました。

　QQの最盛期はわたしが中高生だった2006年頃でした。そのころに中国人と知り合って聞かれるのは、電話番号ではなく決まってQQの番号だったことを覚えています（QQのIDも番号制でした）。なにかしらのアンケートに回答する際もQQの番号を必ず聞かれるほど、中国全土に、そして世界に散らばる華僑に広がったサービスでした。

赤いマフラーをまいたペンギンがQQのマスコットです。

イノベーションのジレンマを超えた「WeChat」

　QQが全土で使われるようになった後に、急激にスマートフォンが普及します。スマホ特化のメッセンジャーを開発することを迫られた際、ポニー・マーがライバルと見定めたのが、他企業のサービスではなく自社の「QQ」でした。

　当時、すでにQQのモバイル版はあり、非常に多くのユーザーもついていました。しかし、QQはあくまでもPC用に開発されたメッセンジャーであり、スマホに最適化されていません。無理やりスマホ向けにアレンジをすると、従来のQQとは大きくコンセプトが変わってしまいます。

　しかし中国のスマホ普及率はどんどん伸びており、いずれインターネットの主力市場はPCからスマホに移るに違いありません。そう判断したテンセントは、主力事業のQQを脇に置いて、スマホに最適化した新たなメッセンジャー「WeChat」の開発に重心を移したのです。

　つまり、誕生して間もないWeChatにとっては、中国1位のシェアを誇る自社商品が一番のライバルだったことになります。

　こうした自社商品の"カニバリゼーション"を超えて新たなサービスを生み出すのは容易いことではありません。しかし結果として、テンセントのスマホ特化のメッセンジャー「WeChat」は、QQを超えて10億人ものユーザーを獲得する、中国で最も広く使われるサービスにまで成長を遂げました。
（面白いことに近年では、10代以下の若者層がQQに回帰するといった現象が起きています。彼らにとって、WeChatは親世代のアプリなのです。その結果、QQは一周回って、多くの若者に支持されるメッセンジャーという地位を手に入れたのです。）

　この事例は、テンセントが得意とするイノベーション──ゼロからまったく新しいものを作るのではなく、（自分たちのアセットの否定も含めて）既存の商品に対して時代に沿った改善をおこない、ユーザーを満足させるプロダクトを創造すること──を見事に象徴していると思います。

3つの軸:「メッセンジャー」「ゲーム」「ペイメント」

　現在、テンセントの大きな収入源になっているのが「ゲーム」です。プラットフォームを持っているのと同時に、自社開発のゲームタイトルも多く保有しています。日本の企業にたとえるなら、DeNAに近いイメージでしょうか。ゲームで稼いだキャッシュを原資に、新たな事業へ投資を繰り返しています。

　2018年に、中国政府は青少年のゲーム依存を問題視し、ゲーム業界に対し大きな規制を実施。それにより、一時テンセントの時価総額が落ち込む事態になりました。

　しかしテンセントには、「メッセンジャー」と「ゲーム」に加え、もう1つの大きな軸があります。「ペイメント」です。もともとペイメント領域はAlipay（アリペイ）を擁するアリババが先行しており、テンセントはかなり出遅れた後発組でした。それでも現在は、シェアをAlipayと分け合うほどに追いついています。

　ここで1つ、Alipayにはないテンセント独特の面白い機能を紹介します。

　それが「红包:ラッキーマネー」です。たとえば、わたしが友人に1元を送金したとします。ただ、その友人は開封するまで、わたしが何元送金したのかわかりません。袋に入ったお年玉に近いイメージでしょうか。中国ではお年玉を含め、結婚式などおめでたい席で、「红包（ホンバオ）」という赤い袋に入れたお金を渡す文化が根付いています。こうした文化背景もあり、「ラッキーマネー」は大ヒットしたのです。

　また、グループチャットにわたしがラッキーマネーを投げ込むと、最初に開けた人がそのお金を手に入れることができるので、争奪戦が起きたりします。友人たちとの待ち合わせに遅刻したときなどに、よく使われる方法です。ちょっとした工夫ではあるのですが、これらの独自の機能開発によって、WeChatPayはシェアを拡大していきました。

　ペイメントの事例からも、顧客の満足度を高めるための細かい設計や工夫を重んじる、ポニー・マーの「超越式模倣」の一端を垣間見ることができます。

WeChatに実装されたラッキーマネー機能。中国人になじみのある「紅包」の袋を表示しており、
クリックすると設定された金額を受け取ることができます。

第 2 章

TikTokは日本でどのように受け入れられているのか？

この章では、日本ならではのTikTokの受け入れられ方とマーケティング施策に加え、日本はSNSの市場としてどのような価値を持つのかを解説していきます。

なぜ日本ではまだ、「中高生のアプリ」という
イメージが強いのか？

「まず10代のユーザーを攻める」のがSNSのセオリー

すでに書いたように、日本ではTikTokに対して、まだ多くの人が「中高生の間で流行っている、口パクしたり、踊ったりするアプリ」という印象を持っています。実はこれは、中国のDouyinだけでなく世界中のTikTokとも異なる、日本ならではの状況です。

なぜ、日本ではこうしたイメージが強くなっているのでしょうか？

まず前提にあるのは、**サービスの開始時に「中高生から大学生」のユーザーを獲得することは、新しいSNSを流行らせるための1つのセオリー**だということです。

その理由は何よりも、この年代のユーザーは、年長者が使っていないSNSを好んで使ってくれる傾向があるからです。

また、「ショートムービーを起点としたSNS」といった新しいサービスは、テキストベースのSNSに慣れ親しんだ人（社会人）には直感的に受け入れにくい可能性があります。しかし若い世代であれば、固定観念も強くなく感度も高いことから、すなおに受け入れてもらいやすい。そのため、アーリー・アダプター層として中高生がマーケティングの対象になるのです。

　同様の例としては、2016年頃に流行した動画コミュニティアプリのMixChannel（ミクチャ）も中高生をターゲットに絞り、人気を獲得していきました。

　若い層の間で流行することで、「なぜ、あのサービスは若者の間で流行っているのだろうか？」とビジネス的にも注目が集まります。たとえば広告の出稿先として、中高生をターゲットとする日用消費財などの企業も検討し始めるでしょう。そしてその広告の売上が入れば、「ユーザーを増やす施策が打てる→さらに別の広告主も獲得できる→さらにユーザーを増やす施策が打てる」といったループが回り始めます。

　こうしたステップを見越し、最初のターゲットとして中高生に照準を絞っているのです。

　中国のDouyinも、当初は10代を中心に人気を獲得していきました。ただ、日本のケースとは明確に異なる背景があります。日本ではショートムービー自体がまだ新しいものであったのに対し、Douyinがローンチされた当時、すでに中国ではショートムービーが成熟した業界

として確立されていたという点です。

　数あるショートムービー・サービスは種類もバラバラで、ユーザーも若年層に限らず、全世代が広く使っていました（中国の具体的なショートムービー・サービスは第4章で紹介します）。中国の都会で暮らす感度の高い若者からすれば、むしろ「田舎の人たちがよくみている、ダサくて民度の低いもの」といったイメージさえ「ショートムービー」にはあったのです。

　そこでバイトダンスは、「Douyinは他のショートムービー・サービスとは違う、洗練されたカッコいいプラットフォームである」というイメージを打ち出し、差別化を図りました。その結果、今までのショートムービーにはなかった独自のポジショニングを築き、10代のユーザーを取り込むことに成功したのです。

　そのうえで、Douyinのユーザーを10代からの人気は維持したままに、上の世代を取り込んでいく「リフトアップ」を成し遂げます。その結果として、群雄割拠だった中国のショートムービー界を制し、世界最強のSNSの座にも手をかけているのです。

　以上から、日本のTikTokの状況に対する先ほどの疑問への回答は、「ユーザーのリフトアップがなされる前だから」ということになります。

　しかし、このリフトアップは、必ずしも成功するわけではありません。そして**リフトアップに失敗することは、そのSNSのメジャー化の失敗を意味する**のです。

SNS がビジネスとして成功する鍵は
「リフトアップ」

リフトアップが重要なわけ

　日本発の動画コミュニティアプリ・MixChannel が下火になり、成長が限界に達してしまった理由を一言で述べるなら「リフトアップに失敗したから」です。つまり、中高生の支持を集めただけで、それよりも上の世代を取り込むことができなかった。

　中高生しかプラットフォームにいなければ、ビジネスとして成立させるのは難しくなります。なぜなら、**そもそも若年層の消費力は限定的で、出せる広告の種類も限られてしまうからです。**

　中国においても似た事例があります。月間ユーザー数は約 1 億人にものぼる動画サイト Bilibili（哔哩哔哩）です。

　Bilibili は、アニメファンなどサブカル層を中心としたユーザー向けの弾幕型動画サイトで、かつては日本の「ニコニコ動画」のパクリサイトとも揶揄されていました。Bilibili の特徴は、ユーザーの 90% 以上が 30 歳未満と非常に若いプラットフォームであること。アニメやコスプレといった日本のサブカルコンテンツを好む 10〜20 代の若者が集中的に集まっていることが知られています。

　リリースされて 9 年たった今もなお、ユーザー数は年間 30〜40% 増の成長率を維持し続け、2018 年にはアメリカのナスダックで上場を果たしました。そんな Bilibili ですが、プラットフォームとしての収益性に根本的な課題を抱えています。なぜなら、可処分所得が限定的な若い世代がユーザー層の大半を占め、ユーザー数やアクティブ率が利益につながらないからです。

　言うまでもありませんが、「稼げない」ことは死活問題です。Mix-Channelは稼げないために成長が止まっていますし、Vine[1]は稼げないので潰れてしまいました。Bilibiliも稼げないために事業としての壁にぶち当たり、苦しんでいます。

　日本のTikTokはいま、戦略的にサービスのリフトアップに注力し、全力で商業化に舵を切っていますが、その背景にはこうした事情があるのです。

TikTokは「リフトアップ」に成功できるか？　それはいつか？

　TikTokがリフトアップに成功できるか、それはいつなのかは、日本のSNS関連のプレイヤーにも大きな影響を与えます。

　今後、TikTokがリフトアップに成功し、日本でのプレゼンスをさらに高めることに成功したなら、窮地に追い込まれるのは同じく動画コミュニティをメイン事業とするMixChannelだけではありません。最近流行しているライブ配信サービスの「SHOWROOM（ショールーム）」や「17 Live（イチナナ）」も確実に影響を受けるはずです。なぜなら、**中国のDouyinではすでにライブ配信機能が実装されて多くのユーザーが使用しており、その機能は日本のTikTokでも近い将来、確実に公開されるはずだからです。**

　中国においてはライブ配信市場とショートムービー市場の勃興時期がほとんど重なっていたこともあり、両方の機能が内蔵されていることが一般的です。ショートムービーで有名になった人がライブ配信を

1　Twitterが運営していた、ショートムービーを制作・共有できるサービス。コンテンツが6秒間ループ再生される点に特徴がありました。1億人以上が利用するまでに成長しましたが、2017年1月にサービスを終了。

やり、投げ銭でマネタイズします。同様に、ライブ配信主となった人は、企業から広告案件を受けてショートムービーでコラボ動画を作ることもあります。たいていのインフルエンサーは、ショートムービーとライブ配信の両方を用途によって使い分けるのです。

このように、ライブ配信とショートムービー、それぞれの機能性を補完する形でファンとコミュニケーションをとり、収益軸を分散させるビジネスモデルなので、どちらか一方に絞るのは、業界の流れをみても現実的ではないのです。

なので、SHOWROOMや17 Liveがこのまま策を講じなければ、近未来、すべての機能が開放されたTikTokが、両サービスの大きな脅威になることは言うまでもありません。

ただ、いったんリフトアップに成功したTikTokの勢いを止めることは、どんな企業にも非常に難しいでしょう。

すでに述べたように、バイトダンス最大の強みは高い技術力に裏打ちされた「レコメンド」です。いったん年長者が使い始めれば、機械学習のレコメンデーションが効力を発揮し、年長者にも「自分たち向けのアプリだ」と認識してもらえるようになるでしょう。世代ごと、属性ごとにまったく別物のコンテンツを選び分けて表示できるのがTikTokの強みなのです。

バイトダンスとTikTokの強さは、収益面でも如実にあらわれています。

参考になるのが、シリコンバレーのシードアクセラレーターであるYコンビネーターが発表した、グローバルIT企業のサービスの収益率の推移を比較したデータです（図表6）。他の世界的なSNS企業の創

図表6　サービス開始4年でずば抜けた売上をあげたBytedance

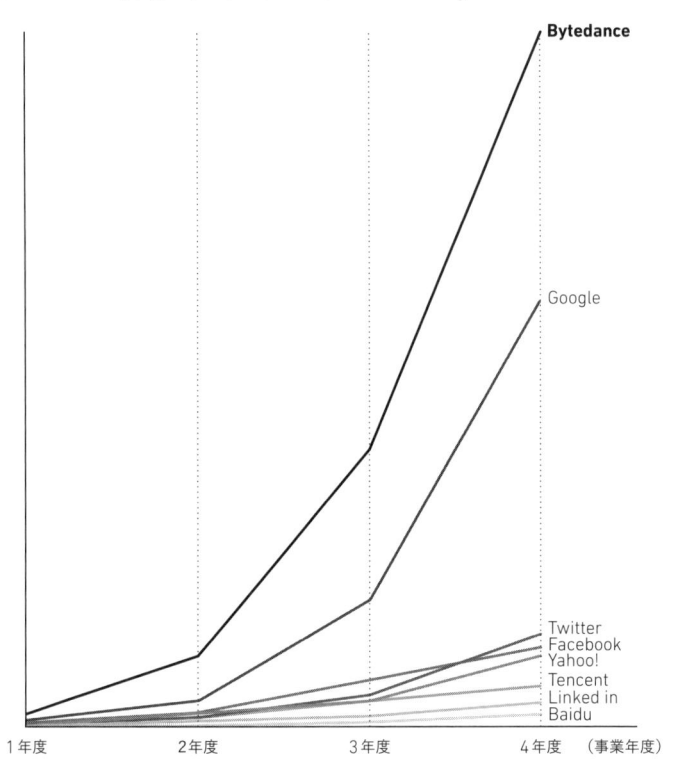

出所：Public company filingsをもとに著者加工

業期と比べても、バイトダンスは前例のない速度で成長を続けてきた
ことがわかると思います。

　2017年頃から本格的なグローバル展開を開始したTikTokも同様
にハイペースで収益を上げており、2018年10月にはグローバルで
の売上が、前年同期比の約275％にあたる過去最高の350万ドルを

図表7　TikTok の月別売上の推移（世界）

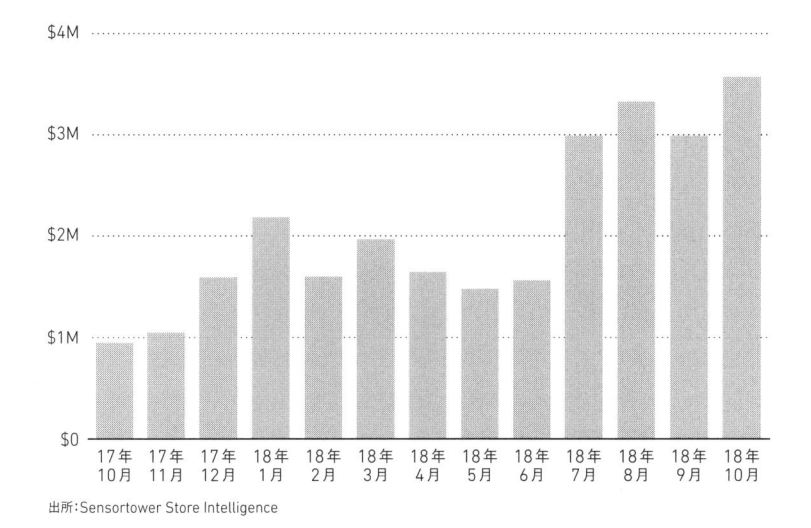

出所：Sensortower Store Intelligence

記録しました[2]（図表7）。

　このように、確実性の高い勝ち筋と豊富な資金力をもつTikTok（バイトダンス）に、どのように対抗していくか。**日本の動画市場のプレイヤーに残された時間は多くないように思えます。**

コンテンツの多様化とともに徐々に進む「リフトアップ」

　SNSのリフトアップを成功させる際に必要になるのが、「コンテンツの多様化」です。これは逆に、コンテンツが多様化しないBilibiliの苦しみを思い出せば納得できるでしょう。

[2]　出所：海外版抖音 TikTok 2018年10月収入350万美元 同期増长275%
https://www.baijingapp.com/article/20013?fbclid = IwAR1H6RoAyC0pEl7XfOt_kH54Td1Hg3BtuZttuJYDsZLqWjdov1hTwZFxTaw

その意味では、日本のTikTokは確実にリフトアップの準備ができつつあります。

　2019年も後半に入り、TikTokの使用状況を眺めると、たしかに中高生よりも上の大人世代がユーザーとして入ってきている実感があります。わかりやすい例が、芸能やスポーツのニュースを扱う『スポニチ』が開設したTikTokアカウントです[3]。

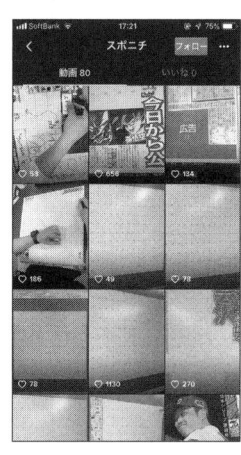

　紙面のレイアウト作業の様子を早回しで紹介するなど、独特の使い方をしており、興味深い事例です。他にも、2019年3月に日本共産党が支持基盤の拡大を図り、発信強化のためTikTokにアカウントを開設[4]。最初の投稿コンテンツが、志位和夫委員長自らが趣味のピアノでショパンを奏でる動画だったことでも話題を呼びました[5]。

　参考：【意外】スポニチの「Tik Tok」が面白い！　紙面のレイアウト作業を早回しで見られるぞ！
　　https://rocketnews24.com/2019/01/10/1161897/
4　参考：共産、TikTok開設　支持拡大へ発信強化
　　https://www.nikkei.com/article/DGXMZO42837570T20C19A3000000/
5　参考：日本共産党が「TikTok」進出　初投稿は志位委員長のピアノ
　　https://www.excite.co.jp/news/article/TokyoSports_1315315/

　ちなみにTikTok以外でも、2019年に入り、朝日新聞や日刊スポーツといった旧来型のメディアが動画チャンネルを開設しています。こうした参入の背景として、YouTuberと企業のコラボレーションをおこなうためのプラットフォームを提供する「BitStar（ビットスター）」[6]の誕生、成長もあるでしょう。

　これらの事例に共通するのは、いずれも明確なマネタイズ手段があるわけではないことです。それでも、各社・各団体とも若年層へリーチするためには、動画の活用が必須であると認識してのアクションだったのでしょう。

　こうした潮流をみても、**TikTokはすでに日本でリフトアップを実現しつつある**ともいえます。まだコンテンツのバリエーションをコツコツと増やし、種をまいている段階であることに変わりはありません。しかし、仮にTikTok以外の動画チャンネルへの進出であったとしても、

6　BitStar（ビットスター）
https://bitstar.tokyo/

いちど動画の重要性に目覚めれば、そのコンテンツは容易にTikTok
に転用が可能です。

　TikTokはいま、ドラスティックにサービスやコンテンツのあり方
を変えるのではなく、業界という土壌を耕し、段階を踏みながら一歩
ずつ前進しているのです。

　ここではメディアや政治団体を取り上げましたが、他にも法人やあ
らゆる団体の参入が見込まれます。結果、広告の出稿先としての価値
が増し、ビジネスの土壌が整えば、クリエイターの数も急増していく
でしょう。こうした好循環が回ることで、必然的にコンテンツのバリ
エーションも増えていきます。中国ほどドラスティックには変わらず
とも、日本も段階的に現在の中国の状況に近づいていくシナリオをわ
たしは予想しています。

日本でおこなわれた
TikTokのマーケティング施策例

　ここからは、TikTok Japanが日本でおこなった印象的なマーケティ
ング施策や出来事を振り返っていきます。

テレビCMでは実現できないTikTokならではの演出
【ペプシお祭リミックス（サントリー）】

　まず1つ目に紹介したいのが、2018年4月に発売された新商品「ペ
プシJコーラ」とのタイアップ企画です。

　浮世絵（葛飾北斎の「富嶽三十六景 神奈川沖浪裏」）をモチーフに、力強
い筆文字で日本のイメージを前面に出したパッケージをみた人もいる
かもしれません。

　テレビCMのオリジナル楽曲に合わせ、テーマである「JAPAN ＆ JOY」の躍動感・爽快感を表現したお祭りダンス「ペプシお祭リミックス」を著名人たちがリレー形式でつないでいき、YouTubeやSNSで配信していきました[7]。

　参加したのは石川さゆり（演歌歌手）、SUGIZO（ロックミュージシャン）、KenKen（ベーシスト）、にゃんごすたー（青森県黒石市出身のゆるキャラ）、DJ RENAなどの豪華な顔ぶれ。同時にWEB限定ムービーとしてTikTokの映像も公開し、上記の出演者に加え、フィッシャーズ（YouTuber）、浅川梨奈（アイドル）、上坂すみれ（声優）、棚橋弘至（プロレスラー）が登場しました。

　ハッシュタグチャレンジ[8]「#ペプシお祭リミックス」も話題を呼び、

7　参考：TikTokを取り入れたお祭りダンス動画「ペプシお祭リミックス」第一弾公開！
　　https://prtimes.jp/main/html/rd/p/000000009.000025665.html
8　TikTokオリジナルの看板広告メニュー。「#●●」と特定の企画・テーマにハッシュタグをつけ、同じ「#●●」のもと、ユーザーに能動的なコンテンツ制作を促す新世代の参加型広告です。

4月23日、5月1日、5月7日と3週に分けて公開した動画12本は、総再生数が1800万回以上と前代未聞のヒットを記録しました。

このペプシのキャンペーンは、TikTokを活用したマーケティングとしては日本でもかなり早い事例です。ポイントになったのは、お笑い芸人に演歌歌手、音楽家、はたまたキャラクターといった、**普段テレビでは絶対にみられないようなユニークな組み合わせ**でのキャスティングです。それによって、ペプシという大衆向け商品のターゲット層に、広くかつ深く刺すことができたのです。

SNS横断型企画【AbemaTV】

つづいて「AbemaTV」の事例を紹介します。AbemaTVのコアの視聴者層は約7割が10〜30代。とりわけ10代の支持が高いのが特徴ですが、若年層の視聴を習慣化できていないのが課題でした。そこでAbemaTVは若年層向けのコンテンツプロモーションにTikTokを採用し、視聴数を160%向上させることに成功しました[9]。

ここでもポイントになるのは、AbemaTVとTikTokのユーザー層が重なっていたことです。

若年層の間で特に人気のAbemaTVコンテンツは、男女の等身大の恋愛模様を届ける「恋愛リアリティショー」のジャンルです。AbemaTVの3大人気恋愛リアリティショーは「オオカミくんには騙されない♥」「今日、好きになりました。」「恋する♥週末ホームステイ」の3つで、これらの番組を視聴する女子中高生（15〜19歳の女性）の数は100万人を超えています。これは、日本全国の女子中高生

9　参考：TikTok活用で視聴数が160% UP！　AbemaTVの若年層向けマーケティングに迫る
https://markezine.jp/article/detail/29286

のおよそ 3 人に 1 人がみている計算になります。

　TikTok を活用したのは、初対面の高校生が数泊の旅行に出かける「今日、好きになりました。」(以下、「今日好き」) という番組です。

　この施策でポイントになったのは、TikTok のみで完結することなく、それぞれのプラットフォームの特性を活かしながら Twitter や Instagram といった女子中高生の間でも広く使われる他の SNS を分散的に使ったことです。各種 SNS 上で PR 施策を展開し、ある程度の興味・関心を高めたうえで TikTok 内にも盛り上がりを作る。それを経て、「今日好き」の視聴へつなげるという流れを設計していました。

　TikTok 上にも「今日好き」の公式アカウントは存在するのですが、あえてここを起点とせず、最初に他のメディアで話題を作ることから始めたことも成功のポイントだったようです。

　なぜこうした設計にしたのかといえば、TikTok の構造に理由があります。現状、TikTok からは、UI の設計上、他の Web サイト・サービスへユーザーを遷移させ、外部へトラフィックを流すことが難しくなっています。また、当時の TikTok の人気のジャンルはダンス動画や音楽を使った動画であり、単なる番組のダイジェスト動画を投稿しただけでは TikTok 内のユーザーの関心を引くことはできません。

　そこで、まずは「今日好きダンス」というダンス動画を作り、話題を形成することからスタート。振り付けを考える時点から「今日好き」のスピンオフ番組で配信し、ダンスに関する PR をその他の SNS や Web でおこなうことで、TikTok 外での認知を獲得したのです。

　ここまで来てはじめて、TikTok の公式アカウントでダンス動画を投稿し、ダンスコンテンツそのもので TikTok のなかでも認知を得ま

す。ただし、このままではTikTok内で認知が完結してしまうため、最後の種明かしとして「このダンスが、『今日好き』という番組がきっかけに生まれたんです」と認知の取り戻しを実行したのです。

　こうした一連の流れを言い換えると、TikTokの中と外をつなぐ橋を作り、トラフィックを番組視聴へ流す設計になっている、とも言えます。これが狙い通りに作用し、「＃今日好き」がTikTok内で急上昇のハッシュタグとして表示されたり、オススメに掲載されたことで、TikTokをきっかけに番組を知った視聴者が増加しました。

オンラインとオフラインの連動型企画【ULTRA JAPAN】
　音楽フェスティバル「ULTRA JAPAN」は、オンライン×オフラインの連動型キャンペーンの好例として紹介します。

　ULTRA JAPANでは2018年の9月のフェス開催前より、TikTok
とコラボレーションしたプロモーションを開始しました。フェスに出
演するダンサーグループ「CYBER JAPAN DANCERS」を起用した
プロモーション動画を、TikTok公式アカウントから大々的に配信。
さらに、TikTokユーザーがULTRA JAPANの公式楽曲を使用した
動画を投稿し、選ばれると当日のチケットやTシャツが貰えるキャン
ペーンも実施したのです。

　フェス当日の会場で、友達とその場でTikTok用の動画を撮影でき
る特設ブースを設置し、ダンサーによるショーケースもおこないまし
た。企業を起点にしたハッシュタグの投稿数が伸び悩むなか、「#ul-
tratiktok」は5000近くの投稿がなされました。

　成功の要因としては、プロモーション動画の配信期間が長かったこ
とや、音楽系アプリ×音楽系イベントの親和性の高さ、ULTRA

JAPANの来場者とTikTokのユーザー層がマッチしていたことが考えられます。

　また、TikTokという1つのプラットフォーム内で、①動画による告知、②キャンペーンで投稿を促して拡散、③会場の特設ブースからさらに拡散、といった一連の流れができており、まさにTikTokをフルに活用した事例といえるでしょう。

　この事例で鍵になったのは、冒頭で述べた「オンラインとオフラインの融合」です。当日の特設ブース（オフライン）も盛況だったようで、その様子を動画（オンライン）で伝えることで、「楽しそう！　来年は行こうかな」とTikTokユーザーに訴求し、潜在顧客の獲得にも寄与しました。TikTokを活用したリアルイベントの成功事例といえるでしょう[10]。

楽曲の流行の源泉としてのTikTok
【倖田來未、8年前のカバー曲『め組のひと』】

　もう1つ面白い事例があります。倖田來未さんが2010年にカバーした楽曲『め組のひと』が、TikTok上で急に大流行した事象です。2018年8月、突如『め組のひと』がLINE MUSICの日次ランキングで1位、Apple Musicのビデオランキングで2位に浮上し、エンタメ業界をざわつかせました。

　楽曲のリリースから8年が経過していたにもかかわらず、急に各ランキングの上位に入ったのは、TikTok内でもっとも流行っている曲の1つになったからです。

10　参考：企業は「TikTok」をこう使っている！ユーザーも盛り上がったキャンペーン事例4選
https://webtan.impress.co.jp/e/2018/10/18/30720

　このブームは人為的なものではなく、まったくの自然発生でした。TikTokのコンテンツは基本的にUGC[11]であり、あるユーザーが作成し投稿した動画を他のユーザーがシェアしたり、リアクションすることで大きなムーブメントへ育っていくのが普通です。『め組のひと』のブームの起点も、1人のとあるユーザーの投稿でした。

　『め組のひと』以外にも昔の曲がTikTok内で流行ったり、昔の芸人のネタの人気が再燃する事象が度々観測されています。それに伴い、その歌手や芸人の人気が再び高まる現象まで起きているのが面白いところです。

　これまでは『逃げるは恥だが役に立つ』の「恋ダンス現象」のように、テレビ局が起点となって、インターネットでブームとなるのが普通でした。すなわち、テレビドラマの主題歌や振り付けが流行してから、そのダンスをネットに投稿する人が増えるという流れです。しかしTikTokのブーム再燃現象では、この経路が逆転したのです。

　今後、TikTokで人気になったTikTokerがテレビ番組に呼ばれたり、カラオケでも上位にランクインすることがあるのではないでしょうか。事実、アメリカでは、完全に無名だったクリエイターの手による楽曲がTikTokを通じてバズり、ビルボードで12週連続の1位となったことが話題を呼びました[12]。アイドルやギタリスト、あるいは作曲家たちが自分たちの作品をアピールする場としてもTikTokを使っており、なかでも才能あるアーティストは急激にファンを獲得しています。ピ

11　User Generated Contentの略。利用者（ユーザー）により作成されたコンテンツの総称。（コトバンクより）

12　参考：TikTokで人気爆発、12週連続全米1位のLil Nas X（リル・ナズ・X）とは何者なのか？ https://www.buzzfeed.com/jp/ryosukekamba/lil-nas-x?fbclid = IwAR2zyxjn6809Vp-kmmpyeX-kfUJZcMkqT3SV_XDncpFiyygJthh5bcNcc81Q

図表8　過去に発生した**TikTok**内の主なブーム

曲名	再生回数	投稿数
#いいアゴ乗ってんね	1億2000万回超	2万9000件超
#だれでもダンス	5億3000万回超	16万7000件超
倖田來未「め組のひと」	2億5000万回超	55万4000件超

出所：ORICON NEWS「TikTokの"なかの人"が語る『め組のひと』ヒットの背景」

コ太郎、DA PUMP、倖田來未などの人気アーティストの間でも、TikTokを活用する事例が徐々に増えつつあるのです。

変化し続ける**TikTok**のマーケティング戦略

TikTokの施策から学べること

　ここまでいくつかの具体的な事例を紹介してきました。TikTokのSNS機能以外の、広告やマーケティングツールとしてのユニークな活用例やポテンシャルが伝わったのではないでしょうか。もちろん、日本の成功事例の背景には、中国でのノウハウの蓄積があったのは間違いありません。

　TikTokの施策から得られる知見は、現在のマーケティングにおいては、**「オフラインとオンラインの融合」が鍵である**ということです。ただ単にテレビCMに出稿したり、インターネットのみに広告を打つ時代は終焉しつつあります。いかにオフラインとオンラインを掛け算しながらアピールし、ユーザーの参加を促していくかが問われているのです。

　その象徴的な例が、TikTokの動画コンテンツならではの「ハッシュタグチャレンジ」です。リップシンクに代表されるように、ユーザーみんなが模倣し合いながら、ハッシュタグをつけて拡散する。**広告とエンターテイメントが見事に融合した様は、今までどんなメディアにもなかった新しい文化をつくりあげた**、とすら思います。

「ハッシュタグチャレンジ」はいつまでTikTokの象徴なのか？

　日本ではまだまだ盛り上がっているハッシュタグチャレンジですが、中国のDouyinに目を向けると、ハッシュタグはすでにメインストリームではなくなり、インフィード型の広告が大半を占めているようです。中国を先行事例としてみると、日本も同様の状況になる可能性は低くないでしょう。

　とはいえ、ハッシュタグチャレンジはTikTokにとって非常に重要な、オリジナルの広告メニューであることは間違いありません。なぜなら、YouTubeやInstagramには絶対にないタイプのユーザー参加型の新世代の広告だからです。

　コンテンツが再生される前に強制的に再生される挿入型の広告に比べ、ユーザーが能動的に参加するハッシュタグチャレンジは、エンゲージメントが極めて高く、ユーザーにポジティブな印象を与えるため、広告主にとっても魅力的です。今後もその形を少しずつ変化させながら存続し続けることでしょう。

日本ならではの「家族アルバムとしてのTikTok」

　最後に1つ、日本ならではの事例を紹介しましょう。

　最近わたしが面白いと思っているのが、TikTokを「家族アルバム代わり」に使っているユーザーが多いことです。なかには子供やペッ

トをコンテンツとしてバズらせることを狙っている人もいるのですが、大半はそこまで考えずに、ただ純粋にアルバムの代わりに使っている。このTikTokの使い方は、中国ではみたことがありません。

Instagramでも子供が生まれた途端、お子さんの写真しかアップしなくなる人がいますが、TikTokでも同様の使い方をするわけです。なぜ、日本ではTikTokが独自の使われ方をするのでしょうか？

わたしは、こうした使い方はMixChannelの流れを汲んでいるとみています。ミクチャは、中高生の男女がキスをしたり、友達同士で歌ったり踊ったりしたコンテンツをアップしている動画サービスといったイメージを持たれています。その使い方はまさに、日常を切り取った、彼ら彼女らの「アルバム」だったわけです。

日本的なカルチャーに照らせば、こうした行動や文化の源流は「プリクラ」に求めることもできるかもしれません。実際、TikTok Japanでは、日本でサービスをローンチした直後から**「動画のプリクラ」**とTikTokを説明していました。

このローカライズされた使い方が、今後日本のTikTokのなかでどのように変化していくのかも、個人的には大いに関心があるところです。

日本市場に対するバイトダンス社の熱い思い

日本が重視される2つの理由

本章ではTikTok Japanが日本でおこなったマーケティング施策について、事例を交えながらお伝えしてきました。次章へ移る前に、グローバル展開を推し進めるバイトダンスにとって日本市場がどんな位

置付けにあるのかを解説しておきましょう。

　バイトダンスは2つの理由から、日本をアメリカと並ぶ最も重要な市場と認識しています。1つめの理由は、日本で成功を収めると韓国や東南アジアにも展開しやすくなるからです。ある種のジャパンブランドが機能するので、「日本でも流行っているサービス」として受け入れられやすくなるのです。

　もう1つの理由のほうがより重要で、日本市場は他国と比べて消費力が高く、大きな収益が見込めることです。

　アメリカと比較すると、国単位でみた広告費のサイズ感や消費額は大きく違うので、疑問をもたれる方もいらっしゃるかもしれません。

　しかし日本は、音楽市場の大きさでアメリカに次ぐ第2位、ゲーム市場でアメリカ・中国に次いで3位という、世界有数のエンタメ消費大国なのです。バイトダンスにとっても魅力的な市場なのは間違いありません。

　私自身の体験にはなりますが、2018年後半から、中国に関する知見をまとめた記事[13]を16本程度、note[14]に書いたところ、なんと合計100人以上もの方から、1人当たり100〜1万円ものサポートをいただき、大変驚きました。無料で一般公開されているコンテンツに対して見ず知らずの方が、なんの見返りもなくお金を払ってくれるはずなんてない。そんな風に考えていた固定観念が一気に崩れた瞬間でした。

13　「華僑心理学〜隣の中国人は何を考えているのか〜」 https://note.mu/future392/m/m564386cad524
14　デジタルコンテンツ配信プラットフォーム「cakes（ケイクス）」を運営するピースオブケイクが2014年4月にスタートさせたWebサービス。文章、写真、イラスト、音楽、映像などの作品を投稿することができます。

YouTubeとInstagramにどう対抗していくか?

　今後、日本でのさらなる成長が見込まれるTikTokですが、中国での Douyin と同じ急激な成長曲線を辿ることはないでしょう。

　なぜなら、中国にはYouTubeとInstagramがないからです。欧米や日本ではYouTubeやInstagramが一般に普及しており、何らかのコンテンツをアップする際も、それらのサービスが最初に選択肢に上がります。一方で、中国は撮影した動画のアップロード先が、初めからDouyinをはじめとするショートムービー・サービスになっています。

　今後、TikTokがいかに日本でプレゼンスを高めつつ、このSNSの2巨頭の中へ割って入っていくのか。その戦略は興味をひかれるところです。

　次章では、各国の前提条件の違いも踏まえつつ、YouTubeやInstagramなどのメジャーグローバルサービスと比較し、世界中で広がるTikTokの実態に迫っていきましょう。

コラム2
アリババ──Amazonすらも恐れない、オンラインマーケットの虎

　アリババグループは、テンセント創業の翌年である1999年、ジャック・マーによって設立されました。テンセントのポニー・マー、そしてアリババのジャック・マーの2人は「二大マー」と呼ばれることがあります。創立当初は、金なしコネなし技術なしの状態であり、自宅のリビングの一室から17人の社員でアリババはスタートを切りました。

　当時のジャック・マーのスピーチ動画をみると、創業間もない零細企業であるにもかかわらず、すでにアリババをeBayと並べて語っています。まだ何者でもないスタート時点から、圧倒的なグローバル企業を目指していくジャック・マーの強い意志が垣間見え、その姿は圧巻の一言です。

　シャイで内気なポニー・マーのキャラクターとは対照的に、ジャック・マーは外向的な性格で、世界中でしょっちゅう講演をおこなっています。個人的にはジャック・マーほど天才的にスピーチが上手な人を知りません。調べるといくらでも彼が英語で講演している動画が出てくるので、ぜひ一度みてみてください。

　彼は常に未来のビジョンを語り、会社の向かう先を定めます。それを社員が全力で実現していく。ポニー・マーがプロダクトの細部にまでこだわるのとは異なり、ジャック・マーはあくまでも大きなビジョンを語る旗振り役として会社を引っ張るのです。

ジャック・マーは中国経済の構造転換を成功させた

　アリババといえば「EC」の会社といったイメージを持たれている方が多いかもしれません。ただ、アリババが単なる通販の会社ではないことは強調しておきましょう。

　ジャック・マー最大の功績は、中国経済の構造転換を牽引したことにあります。もともと中国では、ECは絶対に流行らないと言われていました。なぜかといえば、物流が整っていなかったため、そもそも物が届かない恐れや、決済

時にインターネット上でクレジット情報を悪用されてしまう懸念があったからです。また、インターネットで物を買う文化が皆無だったため、EC以前の問題が山積していました。

つまり、EC事業の前段として、「物流とペイメントの問題を解決した」のがアリババの凄さです。アリババ以前、上海をはじめ沿岸部地域では比較的どんなものでも購入できましたが、内陸部では買えるモノのバリエーションが限られていました。アリババは物流や販売網が未整備だったインフラを構築し、買い物に不自由を感じていた人たちに、ECを通じて世界中のモノを安心して、ワンクリックで届ける世界を実現したのです。

このように、購買意欲はあったものの、物理的に買えなかった人たちに購買の手段を授け、今までになかった消費を掘り起こしたという意味で、中国経済の活性化に貢献したアリババの功績は大きいといえます。

タオバオとT-mall──なぜ2つのプラットフォームが並存するのか?

アリババには「淘宝(タオバオ)」と「T-mall(天猫)」の2つのECプラットフォームがあります。Amazonも1つしかないのに、なぜ1社で2つのマーケットプレイスを保有しているのか、疑問を持たれる方もいるでしょう。

その答えは、いまだに解決していないタオバオの大きな課題、プラットフォーム上に偽物が多く流通していることにあります。誰でも出品が可能となっているため、どうしても偽物が紛れ込んでしまうのです。

そこで開発されたのが「T-mall」でした。T-mallは法人登録や商標登録が済んでいるなどの厳しい出店基準を設け、クリアした店舗しか出店できない仕組みになっています。

この2つのプラットフォームを並存させることで、消費者に選択権を与えているのです。偽物のリスクを負ってでもなるべく安いものが買いたいという人はタオバオでショッピングをする。一方、化粧品や医療品といった偽物は絶対に避けたい買い物の場合はT-mallを使う、といった具合にニーズの違いで棲み分けがなされています。

社会を一気にキャッシュレス化させた「Alipay（支付宝）」

　物流に加え、アリババが起こしたもう1つの重要なイノベーションが「ペイメント」です。スマホでQRコードを読み込んでおこなう決済サービス「Alipay（支付宝）」が大流行し、中国で一気にキャッシュレス化が進みました。現在では独立したアプリとなっているAlipayですが、もともとECに紐づくペイメント・システムを自社開発していた基盤があったため、機能としてAlipayを追加したのです。

　Alipayの機能でユニークなのが、融資と資産運用です。中国では、中小企業や個人が融資を受けづらい社会背景があります。日本の場合は地銀などが中小企業に対して融資をおこなうことが珍しくありませんが、中国で融資基準を満たすことができるのは、上位20％程度の大きな企業だけです。

　そこに目をつけたジャック・マーは、「残り80％のロングテールの顧客をターゲットにする」として、個人を含む中小企業に少額融資を開始しました。また、Alipayユーザーが余剰資金を1元から運用できる機能も実装。銀行よりも高い利率が支持され、広く使われています。

「全世界でやりにくい商売をなくす」というジャック・マーの野望

　矢継ぎ早に中国でイノベーションを起こし続けたアリババは、世界ランキング6位の時価総額50兆円（2018年12月時点）にまで成長しました。

　現在では、EC事業を収益の柱に、金融やクラウドなど幅広い事業を手掛けるアリババですが、ビジョンとして掲げるのは「やりにくい商売をなくすこと」。中小企業が不自由なく国内全域でビジネスを展開できるよう、ひたすらシステムを構築してきたのです。その結果、今や中国におけるECの市場規模は、世界でもダントツの1位となりました。

　そして現在、アリババは中国で成し遂げた「やりにくい商売をなくすこと」を、全世界に展開することを狙っています。

　「EC分野でAmazonに勝つのは不可能なのでは？」と思う方もいるかもし

れません。実はそうでもないのが実態です。というのも、現時点でAmazon
が覇権を握っているのは、アメリカ、ヨーロッパ、日本と、世界でも限定され
た地域なのです。世界を見渡すと、そもそもEC自体が市場としてまだ立ち上
がっていない地域が数多く存在します[1]。

　たとえば、ロシアのEC化率はわずか3％[2]。日本の6.22％と比べると、その
差は歴然です。2019年6月5日、アリババは1億ドルを投じて、ロシアの政
府系ファンドとともに、合弁ECプラットフォームを設立しました。アリババ
はロシア政府の公認のもと、ロシア市場、そして同国を入口に欧州市場を本気
で獲りにいこうとしているのです。

　また、人口が4.9億人（うち若者が1.2億人）にのぼる中東にもアリババは触
手を伸ばし、同様の動きをアフリカ大陸でもみせています。

　アフリカは2025年までにインターネット使用率が50％に達し、ECの市場
規模も750億ドルに到達する見込みです。現時点では先進国と通信状況や経
済に大きな差のあるアフリカですが、潜在的には大きなマーケットに成長する
ポテンシャルを持っています。それを見越したアリババは、アフリカのデジタ
ル化移行の支援を開始。ジャック・マーをはじめとするアリババトップ層も、
すでに何回もアフリカを偵察・訪問しています。

　他にも、東南アジアやメキシコにもアリババは手を伸ばし、正に非Ama-
zonのほとんどの地域に影響を広げようとしています。

　Amazonが北米、ヨーロッパ、日本といった利益につながりやすい先進国
の市場で重点的にサービス展開するのに対し、アリババは潜在的にこれから大
きく成長するであろう地域に、長期的な目線で、着実に根を張らせようとして
いるのです。Amazonが入り込んでいない市場には、すべてアリババがいる、
という状況になりつつあります。

1　参考：https://www.cifnews.com/article/37627

2　参考：Morgan Stanley sees Russian e-commerce grow nearly 3-fold by 2023
http://www.ewdn.com/2018/10/15/morgan-stanley-report-sees-russian-e-com-
merce-on-the-edge-of-new-growth-cycle/

　各国の政府と力を合わせながら、着実にグローバル規模のEC網を築こうとしているアリババの動きを知れば、ジャック・マーの宣言はあながち夢物語ではないということがわかってもらえると思います。

第 3 章

すべての SNSと、世界を飲み込む TikTok

バイトダンスは主要なSNS、コンテンツプラットフォームをすべて研究しつくし、それぞれの弱点をカバーする形でTikTokを開発したと言われています。実際、1人のユーザーとしてTikTokを触ると、そうした研究の痕跡をあちこちに感じ取ることができます。

SNSの発祥の地であるアメリカにおいても、「TikTok自体にそこまで新規性は感じない。すべての機能はみたことがあるものだ。けれど、それがうまい具合に融合したサービスだ」という趣旨の意見が多いようです。

本章ではTikTokと、YouTube・Instagram・Twitterを比較していきます。TikTokは、具体的にどのようにして、それらメジャーなサービスを超えようとしているのでしょうか。

YouTubeとTikTok

2005年にローンチしたYouTubeは現在、月間のユーザー数が19億人、日本国内では6200万人におよびます[1]。そのうち50%がモバイルで動画を視聴し、基本的なUIは横型動画です。

一方、2016年にローンチしたTikTok（Douyin）は全世界で月間ユーザーが5億人（日本のMAUは950万人[2]）。100%がモバイル視聴であり、UIは縦型動画です。

両者の主要な違いとしては、YouTubeが検索中心の設計で動画のダウンロードができないのに対し、TikTokはレコメンド中心の設計

1　出所：ユーチューブ、日本で10年　ネット人口の8割が視聴
https://www.nikkei.com/article/DGXMZO32703140W8A700C1X30000/
2　出所：TikTokが広告配信プラットフォームをリニューアル！　日本法人副社長に聞く、広告主企業の活用価値　https://markezine.jp/article/detail/30264

であり、動画のダウンロードも可能となっています。また、動画1つ1つの長さも、YouTubeの平均が5分とやや長いのに対し、TikTokは15秒〜1分と短めになっています。

YouTubeの強みは、ローンチから10年以上と成熟化したことによる、コンテンツの蓄積でしょう。加えてGoogleが運営元ということで、サーバーの安定度をはじめとした技術力の高さもある、といったところでしょうか。

YouTubeの5つの課題

世界的にメジャーなサービスとして多くのユーザーに使われているYouTubeですが、課題も少なくありません。良くも悪くもローンチから10年以上が経過し、プラットフォームが成熟したため、**動画配信者の新規参入が年々難しくなりつつあります。**

ベテラン投稿者の動画のクオリティが高くなっているため、初心者は相当高い編集力がないと太刀打ちできないのです。加えて、検索で上位にランクインされやすくなるよう、視聴者にクリックされるためのタイトルづけやサムネイルの作成にもSEO的な工夫が求められます。

さらに、先ほども触れたように、**YouTubeはもともと検索型プラットフォームとして設計されています。**そのため、新規参入者が人気を獲得するまでの道のりは長くなりますし、テーマがニッチである場合はそもそも発見されない可能性も高くなります。検索型プラットフォームでは、視聴者は「この動画がみたい」と自分なりの目的意識を持って動画を探さなければならないからです。

こうした構造では、せっかくコンテンツをつくっても、みてもらえ

ない・支持されない状態が続きますから、クリエイターは投稿をし続けるモチベーションを保つのが難しくなってしまいます。

　また、コンテンツの多くが長めの動画のため、**エンタメ以外のジャンルと親和性が低くなりがち**なことも課題に挙げられるでしょう。対して、TikTokのメインコンテンツは15秒程度のショートムービーのため、多様なコンテンツが揃いやすい。なぜなら、15秒程度であればどんなジャンルの動画でも人の集中力がもつからです。

　「美男美女じゃなきゃダメなんでしょ？」「クリエイティビティが必要なのでは？」といった先入観をTikTokに抱いている人もいるかもしれませんが、実はアイデアさえ支持されれば、編集が下手でも、容姿に関係なく評価されます。TikTokはその「短さ」ゆえに評価軸が多様になっており、クリエイティビティの宝庫とすらいえるのです。（こうした現状に対して、YouTubeは2019年の目標に「教育コンテンツ制作の促進」を打ち出しています。）

　第1章でも触れたように、**動画と動画の間のつなぎが視聴者にとってストレスがかかる仕様になっており、離脱を促しかねない**こともYouTubeの課題です。動画と動画の間や視聴中に、そのコンテンツとはまったく関係のない広告が入ってくることもあります。これはYouTubeのプラットフォームとしての設計が、テレビをスマホに置き換える発想でなされたからかもしれません。

　もう1つの課題は、**SNSとしての機能が弱い**ことです。端的にいえば、自分の友達がどんな動画をみているのかは、YouTubeではわかりません。

　YouTubeには動画をシェアする直接的な機能がないので、自分が

みて楽しくても、他のSNSを使わなければそこで終わってしまいます。

　著作権が投稿者個人に帰属するため、ユーザーがダウンロードできないことも拡散性の低さにつながっています。たとえば、YouTubeの動画のリンクを貼ってツイートしても、Twitter上でその動画が自動再生されることはありません。ユーザーはわざわざリンクを踏み、ストリーミングが開始されるまでの時間を待たなければならないのです。このように何段階かのステップを踏まなければならない仕様は、ユーザーに想像以上に大きなストレスをかけているのです。

YouTubeには不可能な「縦型」動画ならではの表現

　YouTubeとTikTok、両者のUIの根本的な違いである「横型」と「縦型」の差の意味についても考えてみましょう。まず、**スマホでコンテンツをみる前提であれば、デフォルトが「縦」になるのが自然です**。そのため、スマホ普及以後に生まれた動画サービスは基本的な仕様が縦型になっています。しかし歴史あるYouTubeはPCの画面に引っ張られ、今でも「横」がデフォルトです。

　編集の観点でも、多くのフィルターが用意されているTikTokでは、スマホ1つでそれなりにかっこよく編集することができます。

　TikTokを本気でやっているユーザーや企業だと、しっかりとしたカメラでコンテンツを撮影し、パソコンで縦型に切り取りながら編集している場合もあります。それでも面白いのは、スマホのみで粗い編集しかしていないコンテンツでも、アイデアさえ良ければ再生数は伸びること。**評価軸が多様なので、必ずしも編集力がマストな要件として問われるわけではない**のです。この点は、YouTubeとは対照的といえるでしょう。

　ちなみに、YouTubeには「TikTokの撮り方」や「TikTokの編集の仕方」に関連する動画が多く投稿されています。

　たとえば、TikTokの撮影の仕方として「トランジション」や「ズーム」と呼ばれる方法を解説した動画があります。ある動画では、セルフィー（自撮り）で撮影する際に、手に持っているスマホを横に移動させたり、上下に動かす方法や、内カメラから外カメラへの切り替え方、そして連続してくるくる回転しているようにみせるやり方を実演しています[3]。**「スマホ１つで、これほど豊かな表現ができるのか」と驚くほど、実は多様な撮影・編集の手法があるのです。**こうしたテクニックはスマホを駆使するTikTokだからこそ生まれたものであり、YouTubeの撮影ではなかったものです。

TikTokは速水もこみちの「MOCO'Sキッチン」

　TikTokは上記で説明したYouTubeの課題をうまくカバーすることに成功しています。

　まず、YouTubeが検索型なのに対し、TikTokは機械学習をベースとしたレコメンド型なので、ユーザーは検索することなく、フォローしていない人のコンテンツまでタイムラインでみることになります。コンテンツを生産する作り手からすれば、クリックさせるための工夫が不要なので、凝ったサムネイルやSEO対策がいらなくなる。それにより、初心者がつくった質の低い動画だとしても、プラットフォームの構造上、それなりの数の人にみてもらえるのです。

　YouTubeの場合、初心者が上げた動画は十数回程度しか再生されないことがざらにありますが、TikTokではそうしたことが起きません。

3　参考：TikTokの撮り方講座２［トランジション．ズーム］
　　https://www.youtube.com/watch?v = qZJWhB9jrLU&t = 32s

　加えて、先ほども説明したように縦型仕様の動画プラットフォームなので、スマホでサッと撮影・編集し、簡単にコンテンツを投稿できます。YouTube ではある程度の編集技術が求められますが、TikTok はクリエイティブなアイデア勝負になる傾向が強いのです。

　こうした両者の違いを、わたしはよく「伝統的な料理番組」と「MOCO'S キッチン[4]」になぞらえて説明しています。
　放送のフォーマットがある程度固定化した**伝統的な料理番組がYouTube** だとすると、番組の尺が短く、ツッコミどころが多い番組構成になっている「**MOCO'S キッチン**」は **TikTok に近い存在**です。
　「MOCO'S キッチン」は俳優の速水もこみちさんがホストを務め、みたことのない料理や食材が次から次へと出てきて、視聴者を楽しませてくれます。いくつかの評価軸やニーズが複合的に組み合わさりヒットしたというのがわたしの見立てであり、そこが TikTok とも近い点だと思います。

TikTok は広告の概念をアップデートしている

　プラットフォーム上での広告のみせ方にも両者には大きな違いがあります。たとえば、YouTube の動画をみる際、本編の前に CM が流れます。しかし、5 秒経過すればスキップすることが可能です。この仕様からは、「**広告は邪魔なものである**」との前提をうかがい知ることができます。**YouTube は、テレビコマーシャルと同じ発想で半ば強制的に CM を挟み込んでいるのです。**

4　朝の情報番組「ZIP!」（日本テレビ系列）内で人気のあった料理コーナー。2019 年 3 月に惜しまれつつ最終回を迎えました。

　一方、**TikTokは広告さえもユーザーを巻き込みながらコンテンツ
へ転換します。**たとえば昨年、ポッキーの日（11月11日）に森永とタイアップしておこなったハッシュタグチャレンジ「#ポッキー何本分体操」では、TikTok上に2万3600本もの動画が投稿されました。TikTokは広告を忌避されるものから、ユーザーに楽しんでもらい、喜んでもらえるものへ変えようとしているのです。動画マーケティングの起業家である小島領剣さんは自身のブログで「YouTubeは1対nのメディアであるのに対し、TikTokはn対nのメディア」と両者の違いを指摘しています[5]。

　バイトダンスはYouTubeが実現できなかった広告のネガティブからポジティブへの概念変換を成し遂げたのです。今はまだ、YouTubeのほうがユーザー数も大きく知名度が高いので、TikTokが劣勢です。しかし、TikTokがプラットフォームとして成熟した近い将来、ネガティブな存在として広告を定義しているYouTube、ポジティブなコンテンツとして広告を定義しているTikTok、どちらのほうがユーザー、そして広告主にとって魅力的なのかは、火を見るより明らかではないでしょうか。

　こうした価値転換を、わたしは映像から動画へ移りゆく時代の大きな変革と捉えています。両プラットフォームのUI/UXが一気に変わることは考えづらいため、長期的なトレンドとして、広告主がTikTokを出稿先に選ぶ流れは加速していくと思います。

　2019年の1月に入り、バイトダンスは日本でも広告配信プラット

5　出所：TikTokについてよくわからない人のために、考察まとめ記事を書いてみた。
https://note.mu/kojimaryouken/n/ne9ed81d1721e

フォーム「TikTok Ads」のリニューアルを発表しました[6]。現在、広告メニューとしては①起動動画広告（アプリ起動時に表示される広告）、②インフィード広告（UGCコンテンツとの間に再生される広告）、③ハッシュタグチャレンジの3つが存在します。①のタイプは旧来までの広告に近いですが、②と③はYouTubeでは再現しにくい種類の広告です。

　いずれのタイプにせよ、TikTokが広告配信の強みとして謳っているのは、精度の高い詳細なターゲティングによる広告の最適化です。OS、性別、年齢、時間帯、環境、オーディエンス、言語、地域を細かく絞って、ターゲティングすることができます。たとえば、「上海に住んでいる20〜23歳。そのうち、毎日メイク動画をみている人に向けて2000個の広告を打つ」といった具合になります。

　おそらく、ここまで緻密な絞り込みはYouTubeではできないはずです。TikTokの強みである機械学習の技術と膨大な個人データを活用するからこそ提供できる広告メニューといえるでしょう。

コンテンツをダウンロードできる、TikTokならではの拡散性

　YouTubeは著作権が個人に帰属するため、動画をダウンロードすることができない仕様になっています（InstagramやVine、日本のMix-Channelも同様です）。対して、TikTokはあらゆる権利がTikTok側に帰属する規約になっており、動画のダウンロードも自由です。

　現在では中国でも、ダウンロードした動画をTikTok（Douyin）以外のSNSにも載せてシェアすることが一般的になっていますが、元々は違う仕様になっていました。

6　出所：ByteDance 広告配信プラットフォーム「TikTok Ads」として全面リニューアル
　https://prtimes.jp/main/html/rd/p/000000040.000030435.html

　Douyin がリリースされた当時は、ユーザーは動画のリンクを WeChat（中国版のLINE）や Weibo（中国版のTwitter）で自由に拡散することができました。

　ところが、Douyin の爆発的な成長に脅威を感じた中国の既存SNS サービスは、Douyin の URL をプラットフォーム上から BAN[7] したのです。以前まで Twitter 上で Instagram の写真が表示されていたのに、あるときからリンクを踏まなければ表示されなくなった措置に近いものがあります。ただ、WeChat や Weibo の場合はリンクを踏んでも表示されないようにしたので、対抗措置の本気度が異なります。

　とはいえ、リンク共有は禁止できても、コンテンツそのものを削除すれば、ユーザーに不快感を与えてしまうので、ダウンロードした動画の投稿は止めようがありません。むしろ、シェアされたリンクから飛んで動画をみるよりも、動画そのものをシェアされた場合のほうがコンバージョン率（動画をみる確率）が上がります。なぜなら、リンクをクリックせずとも各プラットフォーム上でダウンロードした TikTok の動画が自動再生されるからです。

　YouTube に比べ、TikTok のコンテンツのほうが圧倒的に拡散性が高いのは、動画のダウンロードを許可しているからという側面もあるのです。

　ダウンロードされた動画には必ず TikTok のロゴが入っているので、TikTok 以外のプラットフォームでシェアされたとしても、「最近、TikTok の動画を頻繁に目にするな。人気があって面白いアプリなのかもしれない」と TikTok への集客にもなります。各動画にはアカウントの番号が書いてあるので、気になったユーザーは TikTok 上で探

7　削除、凍結、停止などを意味します。

すこともできるのです。

Instagram と TikTok

インスタはユーザーが世界観を投影するプラットフォーム

　つづいて、Instagram と TikTok の違いをみていきましょう。Instagram も YouTube と同様、比較的プラットフォームが成熟化しつつあり、現状、ユーザーの数も TikTok より多い SNS です。

　Instagram の特徴は、ユーザーの世界観を投影したプラットフォームであること。「映え」や「盛り」の文化を創り、定着させました。とはいえ、盛れた写真の投稿だけでは投稿のハードルが上がってしまうため、気軽に投稿してもらうための工夫がなされています。たとえば、同時に複数枚投稿できる機能や、24時間以内に消える写真・動画機能「ストーリーズ」など、「いいね！」を気にしすぎなくてもいい配慮がなされていることがうかがえます。

　Instagram はハッシュタグがもっとも多く使われているプラットフォームで、共感や趣味、世界観でつながる SNS です。ハッシュタグや検索、「いいね！」が入口となり、他人のコンテンツに出会えるようになっています。画像と動画がメインコンテンツなので、言語を超えて海外のユーザーとつながりやすいのも特徴です。

　Instagram でフォロワーを増やそうとする場合、まずは投稿に多くのハッシュタグをつけて発見されやすくします。ある程度のエンゲージメントを獲得できれば、Instagram がオススメするレコメンドのフィードに載ることができます。

　ただ、ジャンルによっては発見されるハードルが高いのも事実です。相性がいいのは、たとえば「モデル」や「花」など、ビジュアルのみで世界観を表現できるもの。伸びやすいジャンルとそうではないジャンルに偏りがあり、プラットフォームとして分断が起こってしまっている側面があります。

　他の長所としては、数あるSNSのなかでも炎上しにくいプラットフォームであること。マーケティングのツールとしても頻繁に活用されており、多くの指標をとることも可能です。

インスタの2つの弱点

　Instagramの課題は、「拡散性の低さ」です。Twitterでいうリツイートのようなシェア機能（Instagramではリポスト、リグラム機能と呼ばれています）が一般的に広く使われていないため、個別のコンテンツが拡散されにくくなっています。連携しているプラットフォームもFacebookくらいで、基本的には自メディア完結型です。

　「バズる」という概念がプラットフォームにないため、もともと有名人でないかぎり、Instagramでファンを獲得していくことはかなり難しいといえます。適切なハッシュタグをつける能力や写真加工技術がなくては、いい素材があっても評価されません。

　また、「映え」が評価されるプラットフォームであるため、「どこどこのブランド品を買いました」とか「どこどこへ旅行に行き、こんな景色をみてきました」など、消費を伴う非日常性のあるコンテンツが評価される雰囲気が漂っています。そのため、学校の教室や自宅で何気なく撮った写真をアップするのには適したプラットフォームではありません。

　一方、TikTokはどうでしょうか。「イケてる人が使っているプラットフォーム」といった定性的なイメージはInstagramとも近い部分があります。ただ、上記で説明したInstagramの課題を、TikTokは機能面ですべてカバーしています。たとえばリップシンクであれば、事前に音楽も用意されているため、すでにあるコンテンツを真似するだけで気軽に投稿が可能です。つまり、コンテンツを作成するためになんらかの消費行動をする必要が一切ありません。

　他のSNS（日本の場合LINE、Twitter、Instagramなど）との連動性も高いので、コンテンツが広く拡散されやすくなっています。また、先ほども説明したようにダウンロードも可能です。

　Instagramとのもう1つの大きな違いは、コンテンツの多様性です。**Instagramでは「映え」が重視されますが、TikTokではそれ以外にも「面白い」「ためになる」「リアル」といったコンテンツも支持されています。**評価軸が多様で、プラットフォームとして多ジャンルを受け入れる包容力があるため、より広い属性やニーズを持つユーザーにアプローチすることができるのです。

　先ほどInstagramは「世界観を投影するプラットフォーム」と説明しましたが、TikTokのフィードも近しい仕様になっています。おそらくInstagramを真似した設計になっているはずです。さまざまなプラットフォームの弱点を克服しつつ、長所は取り入れるTikTokの思想を、UIのあちこちから垣間見ることができます。

TwitterとTikTok

圧倒的な拡散性はあるものの、言語の壁を超えない

　最後に、Twitterとも比較していきましょう。Twitterの最大の特徴は、圧倒的な拡散性にあります。とはいえプラットフォームとしては成熟しているので、新規ユーザーがフォロワーを獲得するのは年々難しくなっています。

　最大の課題は、テキストメインのプラットフォームのため言語の壁を超えられないこと。それもあり、Twitter単体でマネタイズをするのも難しい状況です。

　対して、TikTokは動画ベースのプラットフォームなので、言語の壁を超えられます。拡散性もTwitterに引けをとりません。また、作成したコンテンツの内容さえ良ければ、フォロワー数がたとえゼロだとしてもおすすめのフィードにのるというレコメンド型なので、始めたばかりのクリエイターもコンテンツの質を担保すれば、ファンを獲得しやすいのです。

　さらに、ショートムービー広告はテキストよりも表示時間が長く、クリック率も高く、コンバージョン率も高い傾向にあるので（つまり広告として魅力的なので）、マネタイズもしやすいのです。

　日本のTikTokにはまだ実装されていませんが、中国のDouyinには「モーメント」という、Twitterのようなフィードがすでに機能として存在します。このモーメントはTwitterと同様に、時系列順に投稿が並び、リツイートや「いいね！」もできます。機能だけを比べれば、完全にTwitterと同じといえるレベルです。今後、日本のTikTokでも、このモーメントは確実に実装されるはずです。

　一方で、Douyinのトップページには UIとして日にちが表示されておらず、時系列もバラバラで、ウケがよかったコンテンツが前に並ぶ仕様になっています。これは Instagram に近い設計です。

TikTok はすべての SNS を飲み込んでいく

YouTube、Instagram、Twitter の長所を機能として取り込む

　あらためて整理しましょう。Douyinの 3 つのタブについては、第1章で、左から「作品」「モーメント」「いいね」になると説明しました。これは、一番左側が「Instagram」であり、真ん中が「Twitter」であるということもできるでしょう（次ページ写真）。あるいは、メイン機能に YouTube 的な動画があり、ユーザーの個人ページに飛ぶと Instagram や Twitter がある、ということもできます。

　日本の TikTok を触っているだけではわかりづらいのですが、Douyinがここまで説明してきたそれぞれのプラットフォームを取り込んでいることが理解できると思います。

Facebook とは競合しないわけ

　ここまであまり名前を挙げませんでしたが、全世界で毎日約15億人が使う SNS である Facebook とも比較してみましょう。

　まず大きな違いとしてあるのが、基本的に Facebook は知り合い同士をつなぐクローズドなプラットフォームであるという点です。日本のサービスでは LINE に近い性質といえます。対して TikTok は「フォロワーを増やす」という概念を持つマス向けのプラットフォームです。両者は、根本的にジャンルが違うサービスといえるでしょう。

　とはいえ、Instagram は Facebook が運営するアプリなので、企

Douyinの左側のタグは、
Instagram的な作品の
ポートフォリオの役割を果たす。

真ん中のタグは、
Twitter的な
タイムラインの役割を果たす。

業としては必然的に TikTok の影響は受けます。先ほども説明したように、TikTok は機能として Instagram や Twitter を取り込みつつあるため、ユーザーの可処分時間の多くを今まで以上に奪う可能性があるからです。

　しかし、Facebook というサービスそれ自体は TikTok と性質が異なるので、ユーザーの奪い合いは起きないのではないでしょうか。

　近年、日本では「Facebook 離れ」といった言葉が聞かれるようになりましたが、世界的にみると Facebook はまだ圧倒的に支持されているプラットフォームです。

　先日、ミャンマーに行く機会がありました。ミャンマーではまだまだ IT についての情報が行き渡っておらず、多くの人はスマホを買っても最初からビルドインされた機能しか知りません。「アプリをダウンロードできる」という概念が浸透していないのです。そして驚いたのは、Facebook がスマホに最初からインストールされていたこと。なので、ミャンマーの人はみんな Facebook を使うし、Facebook の中で検索や買い物をするのです。

　こうした状況になっているのはミャンマーだけではなく、他の多くの途上国でも同様でしょう。Facebook の強さを実感した瞬間でした。

TikTok の世界展開

　以上のように「最強の SNS」としての機能を備えた TikTok は、世界各国でどのように受け入れられているのでしょうか。ここでは米国とインドでの広がりを中心に紹介していきましょう。

米国のTikTok

2018年、全米の無料アプリダウンロードランキングでFacebook、YouTube、Amazonを抑えて1位に輝いたTikTokは、2018年10月時点で、累計8000万ダウンロードを達成しています。

2018年11月にはFacebookがTikTok風のショートムービーアプリ「Lasso」をリリースします。『ガーディアン紙』は「Facebookに真似されるようになったら、そのアプリは本物だ」とTikTokを評しました[8]。Instagramのストーリーズや Snapchat、そして Vine や Musical.ly[9] が人気のアプリとして認知されていた土壌がすでにあったため、これらのアプリの機能を内包するTikTokも自然に受け入れられ、人気を獲得したのです。

アメリカで新しいSNSが流行るときには、ブームの前に必ず誰かしらセレブが使い始める法則があります。 Instagramは女優・歌手のセレーナ・ゴメス、Snapchatはファッションモデルのカイリー・ジェンナーらが人気の火付け役とされ、TikTokはNBCの深夜のトーク番組『ザ・トゥナイト・ショー』でホストを務めるコメディアンのジミー・ファロンがきっかけといわれています。ファロン氏は同番組でTikTokを紹介し、視聴者にハッシュタグチャレンジ「#TumbleweedChallenge」への参加を呼びかけました。

Tumbleweed(タンブルウィード)とは風に吹かれて転がると、玉のような形になる乾燥地帯にある植物のこと。このハッシュタグチャレンジでは、西部劇の劇中歌が流れた瞬間にやっていたことを中断し、

---

8 参考：TikTok: the Chinese lip-syncing app taking over America
https://www.theguardian.com/technology/2018/nov/21/tiktok-lip-synch-ing-app-jimmy-fallon?fbclid = IwAR2QsSDpoWf988EibwE2i2mZKI_vdyOF65eNpaBH-bUAT27_-fl6X1Wo0Yvs

9 Musical.lyについては第4章で詳述します。

タンブルウィードのように地面を転がります。文章で説明しただけだと面白さが伝わりませんので、ぜひみなさんも「#Tumbleweed-Challenge」で検索して動画をみてみてください。

タンブルウィード・チャレンジをする人たち。

　アメリカは日本と同じようにリップシンクや動画がショートムービーの主流ではあるのですが、ファロン氏のハッシュタグチャレンジのような面白系の動画、特に「クリンジビデオ（Cringe Video）」と呼ばれる恥ずかしい動画を投稿し、笑いを取る自虐ネタも人気です。

　もう１つアメリカならではの動きとして面白いのが、**人々が自分の職場から投稿した動画が人気を得る**ということです。
　「ワシントンポスト」では軍人、警察、看護師、ウォルマートの店員などを事例に、この現象を考察しています[10]。軍服のままトレーニン

10　参考：Inside TikTok, the premier app for firefighters who enjoy lip-syncing to 'Baby Shark'
https://www.washingtonpost.com/technology/2018/11/23/inside-tiktok-pre-mier-app-firefighters-who-enjoy-lip-syncing-baby-shark/?noredirect = on

グ動画を発信するマイケル・エカートさんは「軍隊はストレスが多い環境。それでもたまには外へ出て、15〜20秒の動画で自分がやっていることを発信できるのは、軍人としてのメンタリティを保つためにも有用」と答えています。また、手術着に身を包み、病院の廊下で陽気なダンスを踊る看護師のキャミー・ゲイツさんは「Twitterは好きじゃない。Facebookもイライラする投稿ばっかり。TikTokは喜びを広めるユニークさがあると思う」と語っています。

さらに有名な事例として、キャメロン・キャンベルさんがいます。もともと有名になりたかった彼は、YouTubeを通じてダンスを学びました。アメリカのスーパーマーケット「ウォルマート」で働いていた彼はウォルマートの制服を着ながら、倉庫で踊った動画を「#CameronFromWalMart」のハッシュタグをつけて投稿。たちまち彼の動画は話題を呼び、現在ではTikTokのフォロワー数が100万人を超えます。これを機にウォルマートを辞めたキャンベルさんは、アメリカの人気番組『アメリカズ・ゴット・タレント』のオーディションを受けるまでになったのです。

TikTokの米国事情として、最後に紹介したいニュースがあります。ワシントンDCに本部を置くシンクタンク、ピーターソン国際経済研究所（Peterson Institute for International Economics）がTikTokの危険性を指摘しました[11]。

同シンクタンクによれば、中国の通信大手ファーウェイ（華為技術）と同様、TikTokが中国諜報機関のために情報収集をしているという

---

11 参考：The Growing Popularity of Chinese Social Media Outside China Poses New Risks in the West
https://piie.com/blogs/china-economic-watch/growing-popularity-chinese-social-media-outside-china-poses-new-risks

のです。なぜなら、TikTokが個人情報と位置情報を中国のサーバーに送っているため、協力要請があれば、そうしたユーザー情報を政府が簡単に入手できてしまうから。とりわけ、先ほど事例に出した軍人が基地内や航空機内で撮影した動画をTikTokに投稿していることを米国当局は問題視しました。軍人たちの顔面識別情報や位置情報を中国に提供することになるからです。同報告書は、国家安全保障を脅かす可能性を指摘し、各国政府に対策を講じるよう呼び掛けています。

インドのTikTok

　インドのTikTok事情は、さらにユニークで面白いことになっています。まず、アメリカと同様、インドでもTikTokは2018年にもっとも多くダウンロードされたアプリに輝きました。中国と同じように、インドにも数多くのショートムービーアプリが存在し、市場自体も大きな盛り上がりをみせています。

　Googleのインド責任者であるラジャン・アナンダン氏によれば、インドのインターネットユーザーの87％がショートムービーを毎日みているといい、2020年までにインターネットコンテンツの80％をショートムービーが占めるのではないかと予想しています[12]。

　TikTokのほかにも「Kwai（中国の快手）」や「LIKE」などの中国のサービスが、インドのショートムービー市場、ライブ配信市場を席巻しています[13]。日本人の感覚からすると、日常で使うアプリはアメリカや国内製のものがほとんどですが、**インドでアプリといえば、中国製**

12　参考：印度最火短視頻APP既不是抖音，也不是快手
　　https://new.qq.com/omn/20180320/20180320G1S9Z4.html
13　参考：TikTok, TikTok! A Chinese bomb in Indian app space
　　https://economictimes.indiatimes.com/tech/internet/tiktok-tiktok-a-chinese-bomb-in-indian-app-space/articleshow/66874532

のものが多いのです。もちろんFacebookなども使われていますが、中国アプリの存在感がやけに大きいのがインドの特徴です。

　なぜインドで、ここまでショートムービーが大流行しているのでしょうか？　1つの理由は中国と同様に、都市部をのぞく地域では文字情報を好む人が少ないことが挙げられます。テキストを好むのはインテリ層であり、地方へいくほど動画を好む層が増えるのです。

　ただ、中国と大きく異なるのは、インドが多言語国家だということ。ヒンディー語やタミル語をはじめ、公用語とされる言語が22個も存在しています。

　Twitterとの比較でも触れましたが、**ショートムービーは民族や言語の壁を超えて拡散していきます**。国内の言語の差がインドほど大きくない中国では、ショートムービーと同じくらいライブ配信が人気ですが、**インドには国内に言語の壁があるため、ライブ配信以上にショートムービーが流行りやすい土壌があるのです**（ライブ配信は、どうしてもトークが中心になります）。

　また、インドでは若年層が13億人いる総人口の6割にも達するほど多く、これもショートムービー大流行の大きな要因になっています。

　とにかくインドの人たちはみんな踊るのが大好きで、インドの人たちがダンスをしている動画をみていると「人間はどこでも同じだな」とホッコリします。

　さらに余談になりますが、今年、インドの友人であるプリアンカの結婚式に参列しました。プリアンカはごくごく普通の女の子なのですが、彼女がただ歌うだけのYouTubeチャンネルには登録者が7万人もいるのです。彼女によると、「インドは人口の母数が多いし、みんな動画が大好きでよくみるので、これくらいの登録者数はインドでは

大したことがない」とのこと。日本との規模感の違いを実感しました。

　このように、ショートムービー市場にとってパーフェクトともいえる土壌があるインドですが、多くの社会問題も発生しています。

社会問題となっている「ニル・ニル・チャレンジ」

　インド南西部のケララ州で、「ニル・ニル・チャレンジ（Nillu Nillu Challenge）」と呼ばれる危険なハッシュタグチャレンジが若者たちの間で大流行しています[14]。

走行中のバスの前に飛び出してダンスを踊る「ニル・ニル・チャレンジ」。

　「Nillu」は「ストップ」という意味で、若者たちは路上で車両の前に立ちはだかり、その場で謎のダンスを踊ります。複数の海外メディ

---

14 参考：A New Viral Trend Of Jumping In Front Of Vehicles For Tik Tok Video Is Gripping Kerala
https://www.indiatimes.com/news/india/a-new-viral-trend-of-jumping-in-front-of-vehicles-for-tik-tok-video-is-gripping-kerala-357299.html

アによると、危険度はエスカレートしており、二輪車やバス、列車など、さまざまな車両の前で踊る動画が投稿されています。なかには走行中の車両の前に飛び出していくものもあるそう。

今のところ「ニル・ニル・チャレンジ」による大きな事故は起きていないそうですが、ケララ州警察は事態を重くみており、社会問題になっているのです。

この事例とは別に、インドで社会問題になっているのがショートムービーのアプリ上でクラスメイトにいじめられ、自殺者まで出ていることです。また、チェンナイの北部郊外カニカプランに住んでいた24歳の青年は女装した動画をTikTokにアップしたところ、多くのユーザーから嘲笑や誹謗中傷を受けました。それに心を痛めた彼は、電車に投身自殺をしてしまいました[15]。

ほかにもTikTokのライバルアプリ「Kwai」で問題になっているのが、未成年の子供たちがアプリ内で肌の露出の多い動画や、性的な動きを伴う動画を数多く投稿していること。そうした動画のコメント欄には、外見を褒めたり、より多くの露出を求める声が集まり、事態を悪化させているそうです[16]。

個人情報の流出を危惧するインド政府の対応

2019年に入り、インド政府は500万人以上のユーザーを抱えるシ

15 参考：24-yr-old commits suicide after being bullied for dressing up as a woman
https://www.hindustantimes.com/india-news/24-yr-old-commits-suicide-after-being-bullied-for-dressing-up-as-a-woman/story-8PlWvf0fMwcd72A5Tp8tBl.html

16 参考：Chinese app Kwai turns a blind eye to videos of underage girls in India
https://factordaily.com/chinese-app-kwai-turns-a-blind-eye-to-videos-of-underage-girls-in-india/

ョートムービー・プラットフォームに対して規制をかける動きをみせています[17]。インドにはTikTokを含めて500万人以上のユーザーを抱えるプラットフォームが6つあり、そのすべてが中国製です。インド電子情報通信省は、以下のように3つの大きな方針からなる規制内容をまとめつつあります。

　すなわち、1つ目は、サービスを運営する各社に対し、インド支社を設立することと、責任者を配置することです。現状は、問題が発生した際に通達したり勧告する窓口がなく、潜在的な法的問題を引き受けられる責任主体も曖昧でした。
　2つ目は不適切なコンテンツを検出し、削除するシステムの整備です。先ほど説明した「ニル・ニル・チャレンジ」のような危険なコンテンツや性的なコンテンツが自動で削除される仕組みの構築を求めています。
　そして3つ目として、個人情報の取り扱いについてもインド政府は敏感で、データを国外に持ち出すことを禁じ、サーバーをインド国内に置くことを義務づける法案をまとめようとしています。
　欧米諸国が個人情報の取り扱いにセンシティブなのは広く知られることですが、インドが日本以上にデータ保全に意識的なのはあまり知られていないかもしれません。

　なお、TikTokについては、個人情報の利用を許可するボタンを一度押すと、連絡先、カメラ、マイク、位置情報、テキストメッセージ、センサーの情報が利用できる設計になっていることをインド政府は問

17　参考：India plans to regulate popular Chinese apps TikTok, Helo, LIKE, others
　　https://yourstory.com/2019/02/india-regulate-chinese-apps-tiktok/
　　Indian Government Drafts New Rules For Chinese App Makers
　　https://www.pymnts.com/news/regulation/2019/india-chinese-apps-tiktok/

題視したようです[18]。もちろんTikTokのようなショートムービー・サービス以外にも、Facebookといった大手のSNSサービスに対し、インド政府は同様の要請をおこなっています。

　今回の要請や社会的批判を受け、バイトダンスはすぐに対応を開始。インド国内において責任者を採用し、アプリ内コンテンツの健全化を最優先事項にすると発表しました[19]。

　TikTokがこうした対応に追われるのはなにもインドが初めてではなく、**イギリスやインドネシアでも国家単位でTikTokが問題視されています。**

　イギリスでは若年層のケアを目的とする慈善団体が声明を出し、TikTok上で10歳にも満たない子供達が性的に搾取されていると警鐘を鳴らしています。また、TikTokのコメント欄が、未成年の子供達がオンライン上で性的な活動に引き込まれる温床になっているとも指摘しています[20]。

　世界最多のイスラム教徒人口を抱えるインドネシアでも、2018年7月にTikTokはBANされる事態になりました。それでも1週間後には、不適切なコンテンツをモニタリングする体制を早急に築くことを

18 参考：Chinese apps seek excessive information from Indian consumers https://tech.economictimes.indiatimes.com/news/mobile/chinese-apps-seek-excessive-infor-mation-from-indian-consumers/67632748

19 参考：Facing severe backlash over 'vulgar content', TikTok to hire a Chief Nodal Officer for India
https://yourstory.com/2019/02/tiktok-tamil-nadu-ban-3qnj2379yz

20 参考：TikTok app: Is it safe for children? Experts issue this WARNING over popular music app
https://www.express.co.uk/life-style/science-technology/1085792/tiktok-app-safe-for-children-tik-tok-music-video-app-warning

条件に BAN は解除されました[21]。新しい SNS が社会に受容されていく過程で問題はつきものなので、今後 TikTok がどのように社会問題と折り合いをつけながら、拡大を続けていくのかは注視していきたいところです。

その他の地域の状況

　アメリカ、インド以外の地域での TikTok の状況も、Instagram との比較でみておきましょう。図表9は「順位」の平均を取ったものなので、数値が低いほど人気があることになります。

　この調査の結果をわかりやすくまとめると、

・インド、ベトナムでは　TikTok ＞ Instagram
・アメリカ、シンガポールでは　TikTok ≒ Instagram
・韓国、フランス、ドイツ、イギリス、オーストラリアでは
　TikTok ＜ Instagram

といった状況になっています。

　今後注目したいのは、日本と同様に教育レベルが高く、比較的ショートムービーが流行りにくいイギリス、フランス、ドイツ、オーストラリア、韓国の状況です。これらの国で TikTok がどう広がっていくかは、日本の皆さんにも大いに参考になるはずです。

21　参考：Indonesia overturns ban on Chinese video app Tik Tok
　　https://www.reuters.com/article/us-indonesia-bytedance/indonesia-overturns-ban-
　　on-chinese-video-app-tik-tok-idUSKBN1K10A0

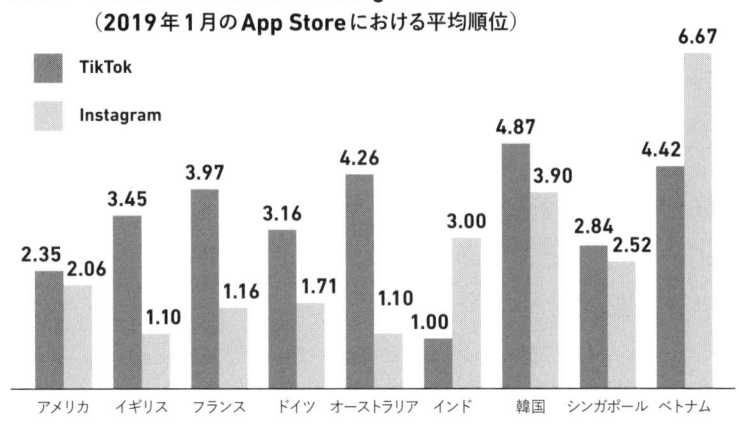

図表9　世界各国でのTikTok vs.Instagram
　　　（2019年1月のApp Storeにおける平均順位）

出所：TikTok's Rise: What Does It Mean for Facebook and Snapchat?
　　　https://sg.finance.yahoo.com/news/tiktoks-rise-does-mean-facebook-223724276.html

成功の鍵は、「ローカライゼーション」から「カテゴライゼーション」へ

　本章の最後に、TikTokの成功を観察しての私見をまとめておきます。

　最近まで、あるサービスをグローバルで展開する際に成功の鍵とされてきたのは、国や地域ごとに個別最適化する「ローカライゼーション」でした。それは、国ごとの文化や価値観の違いが無視できない大きさだったからです。特に、わたしが勤めていた総合商社で取り扱うインフラや資源、日用品といった伝統的な産業であれば、その影響はなおさら強いものでした。

　しかし近年、SNSをはじめとするインターネットサービスを成功させるには、まずある国で「若者」に刺さったら、それを一気に世界の「若者」に向けて展開することがセオリーとなっています。つまり、**国別の「ローカライゼーション」から世代別の「カテゴライゼーション」へと大元の軸が変化しつつある**のです。

　その理由として、インターネットの普及、特に世界的なSNSをはじめとするインターネットサービスの広がりがあります。今や、日本の大学生も、アメリカの大学生も、InstagramやTikTokに友人との日常を載せ、Twitterでトレンドをウォッチし、週末には友人同士でNetflixやYouTubeをみて過ごします。つまり、消費するコンテンツに差はあれど、日常で接するプラットフォームに大差はありません。それによって、ユーザーである若者の可処分時間の使い方に国ごとの違いがみられなくなり、日々の過ごし方も均質化してきたのです。言うなれば、**「若者の価値観がフラット化」**した世界です。

　この世界では、同じ20代であれば、日本人でも、ミャンマー人でも、ケニア人でも、同じものを面白がり感動します。リップシンクの動画やタピオカミルクティの世界的な流行には、この「フラット化」が背景にあるのです。
（ただし、「フラット化」したのはあくまで若者以下の話です。世界的に展開されたサービスが上の年代を取り込み、ビジネスとして成功するには各国ごとでのリフトアップが必要になることは第2章で説明したとおりです。）

　「若者の価値観のフラット化」を初めて観察できたのは、Instagramの流行からではないかと思います。Instagramは、明確に若者向けに設計され、そしてその狙いのとおり、世界中の若者に熱狂的に受け入れられた初めてのSNSでした。
　興味深いのは、Instagramが世界的なサービスに成長するまでに5〜6年かかっていたのが、TikTokの場合は2〜3年しかかかっていないという点です。もちろん、画像とショートムービーという違いはあるでしょうが、Instagramや4Gの普及によって、「若者の価値観のフラット化」が一層進んだこともその要因となっているはずです。

　今後、なんらかのサービス、とりわけSNSの要素が強いものを世界で展開しようとするなら、こうした若者向けのカテゴライゼーションの視点が不可欠になっていくでしょう。そして間違いなく、Tik-Tokの設計思想にもこの考え方が埋め込まれています。

　たとえば、日本の10代の間でダンス動画が流行れば、他のアジア諸国でも同じ10代で同様のダンス動画が流行るはず。そうした仮説のもと、各国でのマーケティングや運用の精度を上げているのです。

コラム3
「ミニプログラム」が中国のSNSを進化させる

テンセントがリードするミニプログラム

　「ミニプログラム」とは、アプリ上で動くさまざまな細かいプログラムのことです。「アプリの中のアプリ」と理解してもらって大丈夫です。

　代表的なものは2017年1月にサービスを開始したWeChat上のミニプログラムです。店舗やタクシーの予約、メニューの注文や決済など、あらゆる機能を持つミニプログラムを素早く簡単に使い分けることができます。

　中国でミニプログラムといえば、このテンセント上のミニプログラムを思い浮かべる人が多く、累計のユーザー数は6億人、DAU（Daily Active User）は2.3億人を超えます（2019年1月時点）。WeChatのミニプログラムの数は2018年の初めには58万個程度だったのが、年始にはなんと倍の100万個にまで急増しました。

　ただ、テンセント以外のプレイヤーも次々とミニプログラム・サービスの提供を開始しており、勢力図がいつ変わってもおかしくない状況です。2018年の夏にサービスを開始したアリババにバイドゥ、さらにバイトダンスに加えて、スマートフォンメーカー10社が共同で作った快応用連盟（クイックアプリ）という5つのプレイヤー陣が存在します。

IT業界の勢力図を塗り替える可能性も

　各社が、ミニプログラムの推進に力を入れている一番の理由として、「流量（ユーザー、アクセス、滞在時間など）を確保したい」という意図があります。独立したミニプログラム群を自社プラットフォームに集中させることによって、ビッグデータを集めることができるとともに、プラットフォーマーとして確固たる地位を築くことにつながります。

　ミニプログラムと同様の試みは日本のLINEもおこなっていますが、大きく

異なるのが、LINEは自社完結で新機能の実装を進めるのに対し、中国はアライアンスを組みながら、他社アプリをすべて取り込もうとしている点です。いわば、各社がApp Storeのような存在を目指しているので、規模が一段階大きな話なのです。

わかりやすい例を出せば、中国国内においてEC市場はアリババによって押さえられてしまったため、後発の独立系サービスが単独で乗り込んでいくのは厳しい状況にみえます。しかし、MAUが11億人を超えるWeChatというプラットフォーム上で、自社ミニプログラムを開発してEC展開をおこなえば、巻き返しのチャンスを狙えるのです。

逆にアリババはSNS領域でテンセントに追いつくことが難しいため、MAU7億人（2019年6月時点）の決済サービス・Alipay（アリペイ）の上にあるミニプログラムを強化することで、プラットフォーマーとしての地位を確固たるものにしたい思惑があります。

ミニプログラムの使われ方

WeChatのミニプログラムの場合、ユーザーは1日に平均4〜5回利用し、平均利用時間は13分。他社のミニプログラムと比較しても利用時間が長いのは、ゲームのミニプログラムを利用するユーザーが多いからです。一方、Alipay（アリババ）のミニプログラムの場合、ペイメント機能がメインであるため、ユーザーの利用時間が短い傾向にあります。

初期のミニプログラムは利用者数ランキングの上位4割をゲーム系が占有していましたが、最近ではECや検索、ムービーのジャンルの割合が増えてきています。

WeChatのミニプログラムが2018年の1年間で倍増したことについて触れましたが、そのきっかけになったのが「跳一跳」というゲームの爆発的ヒットです。このゲームの累計ユーザー数は3億人にのぼりますが、最盛期にはDAUが1.7億人に達していました。こうした人気を背景におこなわれた5日間限定の広告が、なんと3.4億円で売れたのです。その結果、「ミニプログラ

ムには可能性がある」と多くの企業が考え、半年間で72%もの増加率を記録しました。

図表10　WeChat と Alipay のミニプログラムの対比

	WeChat のミニプログラム	Alipay のミニプログラム
サービス開始時	2017年1月9日	2018年9月12日
ミニアプリの DAU	約2.8億人	約2.3億人
平均使用時間	13分	未発表（より短いはず）
ミニプログラム数	100万超	100万超
特徴	ゲーム系のミニプログラムが多く、滞在時間が長い。	ツール系のミニプログラムが多く、滞在時間が比較的短い。一方で、立ち上げ回数が多め。

飲食店を大きく変えたミニプログラム

　ユーザーにとっても、1つひとつのアプリをダウンロードする手間がない（使用するたびにクラウドから呼び出す）ミニプログラムは、手軽であるうえに、携帯の容量を節約できるというメリットがあります。

　わたしがミニプログラムを使う一番の理由はペイメントの便利さです。個別のアプリで EC を利用すると、そのつど支払い情報を登録しなければなりませんが、ミニプログラムだとその必要がありません。ミニプログラムを導入する飲食店も急増しており、2018年の第2四半期だけで85%伸びました。

　たとえば、中国のぐるなび的存在の「大衆点評」には、独立したアプリとミニアプリが存在します。両者の UI は大きく違うものの、使える機能に遜色はありません。

　わたしが住んでいた上海のほとんどの大型飲食店にはすでにレジが存在せず、席に QR コードがあるのみです。そのコードを読み込んでミニプログラムを立ち上げることで、支払いができる仕組みになっています。QR コードのみでも決済ができるので、ミニプログラムを立ち上げるのは一見面倒にみえますが、ミニプログラムを介することで商品の注文もスマホでできるようになるのです。

　スマホさえあればお客さんは注文と決済を済ませてくれるようになるので、ウェイターやレジ係を置く必要がなくなり、お店側にとっても人件費を削減できる大きなメリットになります。

　ミニプログラムのプラットフォームの開発には莫大な資金力と高度な技術力が必要となるため、日本企業が実現させるハードルは極めて高いように思われます。

　日本でミニプログラムが普及することはないかもしれませんが、「認証が楽で使いやすい」といったUX体験については日本企業にもヒントになる部分は多いはずです。

第 4 章

TikTokが中国のショートムービー市場を制するまで

　前章まで、TikTokが世界最強のSNSとなり得る可能性を持つこと、そして実際に日本と世界でどのように広がっているのかを解説してきました。

　では、これほどまでにパワフルで魅力的なTikTokというサービスは、どのように生まれ、世界規模にまで成長してきたのでしょうか？

　そのストーリーを語るには、「TikTokの原型」になったともいえる、アメリカ生まれのMusical.lyというアプリの話から始める必要があります。

TikTokの原型はシリコンバレーで生まれた

2人の中国人起業家の逆転ホームラン

　2014年、朱骏（Zhu Jun）と阳陆育（Yang Lu Yu）という2人の中国人の若者がシリコンバレーで起業しました[1]。

　エンジェル[2]から25万ドルの投資を受けた2人は、6カ月をかけて3〜5分尺のコンテンツからなる教育系のショートムービーアプリ「Cicada」をリリースします。ところが、このアプリはまったくヒットしませんでした。2014年当時では、3〜5分という中途半端な長さの教育系のコンテンツは市場に受け入れられなかったのです。

　しかし、失敗に気づいた時点で彼らに残されていたのは、出資を受けた25万ドルのうち、わずか1万ドルだけでした。

----

[1] シリコンバレーのスタートアップで働いたり、起業したりする中国人は珍しくありません。今や、シリコンバレーで働く人のおよそ2割は中国人といわれます。また、中国からアメリカなどの海外へと渡り、そこで得た知識や技術を母国へ持ち帰る中国人は「海亀」と呼ばれ、彼らの存在がハイテク分野での中国の成長を支えていると言われています。
参考：中国の急速な技術開発支える "海亀"
https://www.nhk.or.jp/ohayou/digest/2019/01/0131.html
[2] ごく初期のスタートアップに出資をおこなう個人投資家のこと。

この限られた資金で、既存アプリをアレンジしてなにか新しいものを作れないか？　必死で考えた彼らは、電車のなかで多くの若者が、同じような行動をしていることに気づきます。若者たちは「音楽を聴きながら踊って自撮りをし」、しかもその動画を「スマホで切り貼りしながら友達に送っていた」のです。

その光景から着想を得た彼らは、Cicadaのショートムービー自体の機能は残しつつ、教育というテーマを捨て、「**音楽×ショートムービー×SNS**」の3つの掛け算で新しいことができないか？　と考えました。

それから30日間の開発期間を経て、2014年7月にリリースされたアプリが「Musical.ly（ミュージカリー）」です[3]。

Musical.lyはすぐに大成功をおさめます。リリース後は毎日500件、月次では1万5000件のペースでダウンロードされ、3カ月後の2014年10月頃にはもうユーザーの基盤となるコミュニティもできつつありました。

その後すぐに資金が底をつきそうになるも、ユーザー間で動画が送られる際に動画にMusical.lyのロゴが入る仕様に変更したところ、アプリ名が急速に認知されるようになり、一層のブレイクにつながります。結果として、App Storeの無料アプリランキングで1位に躍り出るまでになったのです。

以降、爆発的にユーザー数を伸ばしていき、2014年の後半にはアメリカの小中学生の間では知らない人がいないほどの人気アプリにま

3　参考：为什么腾讯那么害怕抖音？
　　http://baijiahao.baidu.com/s?id=1602506645320176232&wfr=spider&for=pc

でなりました。最盛期には、アメリカの子供の5人に1人が使っていたそうです。

その成長ぶりで特徴的だったのは、有名人や別のプラットフォームで有名になったインフルエンサーがブームのきっかけになったわけではないことです。

Musical.ly発の新たなインフルエンサーたちがプラットフォームを盛り上げ、ほかのプラットフォームですでに有名になっていたインフルエンサーやセレブリティが参加したのは、Musical.lyがある程度成熟した後でした。

たとえば、図表11でランキング2位のBABY ARIELさんは、たった3カ月でゼロから200万人のフォロワーを獲得したインフルエンサーです。特別なバックグラウンドがあるわけでもない、どこにでもいそうな普通の14歳の女の子が爆発的な人気を得ることに成功したのです。

Musical.lyのCEO・朱駿はその理由を、「1つは、彼女のコンテンツがクリエイティブで面白かったこと。もう1つは、特筆するような特徴がある女の子ではなかったからこそ、多くの人の共感を呼んだのでしょう。容姿が普通であったからこそ、多くの人の希望の星となったのです」と答えています。

こうした、**サービスを使い始めたばかりの無名の人でも人気者になりやすい構造は、TikTok（Douyin）にそのまま受け継がれる**ことになります。

図表11　Musical.ly で活躍したインフルエンサーとフォロワー数（2017年5月時点）

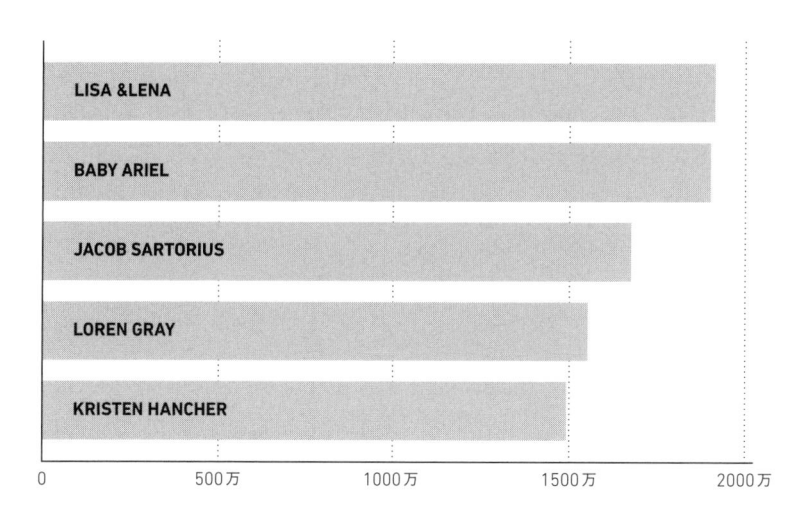

なぜテンセントではなく、バイトダンスが買収できたのか？

　Musical.ly が欧米圏で人気を博していた頃、中国国内はライブ配信全盛期でした。そしてこの時すでに、バイトダンスはショートムービー市場の可能性に気づき、Douyin を発表しています。

　この Douyin ですが、実は後で詳しく述べるように、Musical.ly を完全に模倣したアプリでした。また同時に、バイトダンスは Musical.ly の買収を試みます。人気のアプリをパクりつつ、同時にその買収をしようというのは、日本人の感覚からすると「やりすぎ」な印象があるかもしれません。しかし中国のスタートアップとしては、特に違和感のない打ち手なのです。

　バイトダンスが買収を検討していた 2017年当時、Musical.ly は全世界の MAU7000万人、北米で DAU6000万人（そして 90% 以上のユーザーは21歳以下！）と、常に米国の App Store の上位に位置する、確

固たる人気アプリとなっていました。

2017年の5月からバイトダンスはMusical.lyサイドと接触を始め、ディスカッションを重ねたようです。その間およそ3カ月。中国の企業買収としては比較的時間がかかる案件となりました。

その理由は、中国トップのIT企業・テンセント[4]もMusical.lyの買収に名乗りをあげていたからです。

テンセントはすでに中国国内でショートムービー・サービス「快手」に出資しており、一定の成功をおさめていました。そのうえで、すでにアメリカやヨーロッパで人気を獲得していたMusical.lyを海外用のアプリとして展開するため、買収を目論んでいたのです。

Musical.lyとの交渉の席には、バイトダンスからは2016年10月に加入した元Uber中国戦略責任者の柳甄（Liu Zhen）が、テンセントからは投資部門の李超輝（Li Chao Hui）が出席。最終的には両社の社長である張一鳴（Zhang Yi Ming）、馬化騰（Ma Hua Teng）のそれぞれが直接交渉に入ったそうです。

言うなれば、FacebookのザッカーバーグとAmazonのベゾスの両氏が、わざわざ出向いて口説いているような状況でしょうか。

この買収競争に勝ったのはバイトダンスでした。最終的には10億ドルで買収することに成功したようです。当時は今のように世界一のユニコーンではなく、勢いのあるスタートアップの1つに過ぎなかったバイトダンスが、上場企業でありIT界の巨人となっていたテンセントを出し抜いたのは驚くべきことです。

4　コラム1参照。

　なぜMusical.lyの売却先として、バイトダンスが選ばれたのでしょうか？　ここでもキーワードになるのは、**バイトダンスの高い技術力に根ざした「レコメンド精度の高さ」**です。

　バイトダンスは「我々の技術をもってすれば、Musical.lyはさらに優れたサービスになりますよ」とポジティブな未来像を提示してオファーしたのではないでしょうか。対して、テンセントはあくまでも金額面だけのドライな買収を仕掛けたのではないかと思います。

　これは日本のみならず世界的な傾向なのですが、**最近の起業家には、「お金さえもらえればなんでもいい」「金額の大きさがすべて」という人は少なくなっています。**たとえ買収されるにしても、自社のサービスや文化を大事にしたいという人が増えているのです。この買収劇の結果を左右したのも、Musical.ly創業者2人の、そうした価値観だったのではないでしょうか。

　ちなみにバイトダンスに買収された後である現在も、Musical.lyの創業者2人はバイトダンスに在籍しています。バイトダンスが2019年のはじめに発表したメッセンジャーアプリ「多閃」で、バイトダンスのCEO・張一鳴と楽しげにやりとりしている様子が目撃されています。

　2018年には、Facebookから、Instagramの共同創業者であり最高経営責任者（CEO）のケヴィン・システィロム氏と最高技術責任者（CTO）のマイク・クリーガー氏が退任を発表しました。10億人以上のユーザーを抱えるメッセンジャーアプリ「WhatsApp」の共同創

業者のブライアン・アクトン氏も、やはりFacebookから離れるというニュースがありました[5]。

このように、大型サービスの買収後に、その開発者が買収先で活躍し、サービスの価値を上げ続けるのは非常に難しいこととされています。

もちろん今後、バイトダンス内で両者の関係性がどう変化するかわかりませんが、現在も良好な関係を保ち続けているのは賞賛すべきことなのです。

中国において「丸パクリ」はリスペクトの証

先ほど、DouyinはMusical.lyのパクリだと言いました。日本人の感覚からすると、「なぜパクってきた会社にサービスを売るのか?」「激怒して追い返してもいいくらいでは?」と疑問に思われるかもしれません。

実際、DouyinはUIも機能も丸パクリしたといえるほど、完全にMusical.lyを模倣したアプリでした。

しかし、中国人からみると、「**完成度の高い模倣はリスペクトの証**」ともいえるのです。たとえば2018年5月31日、中国のスマホメーカーのシャオミ(小米科技)は、新商品「小米8」を発表しました。

サイズ感はもちろん、カメラの位置、顔認証機能、基本スペック、

---

5 特に8億5000万ドル(約960億円)の報酬受取権を放棄してまで、自身のポリシーを貫き通したアクトン氏の態度からは、お金よりも自分の理念やプロダクトを大切にする姿勢が伝わってきますので、関心を持たれた方はぜひ詳細を調べてみてください。
参考:Exclusive: WhatsApp Cofounder Brian Acton Gives The Inside Story On #Delete-Facebook And Why He Left $850 Million Behind https://www.forbes.com/sites/parmyolson/2018/09/26/exclusive-whatsapp-cofounder-brian-acton-gives-the-inside-story-on-deletefacebook-and-why-he-left-850-million-behind/#625bf52f3f20

ユーザーインターフェース、そして壁紙までも iPhoneX に酷似していたのですから、抜かりがありません[6]。日本人の感覚からすれば、少しばかりオリジナルな要素を入れ込みたくなります。

　しかし、「まず丸パクリすることがリスペクトの証」と考えるのが中国的な発想なのです。模倣の背景には、「これほど完成された商品には隅々まで設計思想が染み渡っているはずだ。我々の稚拙な発想で、余計なアレンジを入れることこそが失礼だ」との考えがあります。

　だからこそ、完成度が非常に高い模倣品に対しては、単純に「パクられた！　悔しい」といった怒りだけでなく、それ以上のリスペクトを模倣された側も感じとるのです。

　その意味で、Musical.ly をつくりあげた 2 人が同じ価値観を持つ中国人だったことは、バイトダンスにとって大きな幸運でした。

　2017 年に成立したバイトダンスによる Musical.ly 買収の裏側にも、中国ならではのリスペクトの価値観があったはずです。「ただ買収したい」と言葉で伝えるよりも、すでに研究を重ね、完成度の高い模倣商品を持っているほうが説得力を持って尊敬の念を伝えることができた、というのは、中国人からするとごく自然に納得できるストーリーなのです。

中国企業では珍しかった、バイトダンスの世界への視野
　もう 1 点、バイトダンスの Musical.ly 買収の成功要因としては、中国企業には珍しく、初期からのグローバル展開を明確に意図していた点も挙げられるでしょう。

6　華僑心理学 No.8「真似ることに対する中国流の価値観とは？」より
　https://note.mu/future392/n/naba5620daca6

　図表12をみてもわかるように、バイトダンスは早い段階から、国内市場と海外市場を分け、両市場に同じだけの力を注いできました。

　実は他の中国企業と比較すると、バイトダンスのこうした姿勢は珍しいものなのです。なぜなら、中国市場が十分すぎるほど巨大であり、かつ国内の地域差もあるため（国内でのローカライズも必要なため）、基本的にはまずは国内市場に注力し、余力があれば海外へ進出するステップをとることが定石だからです。

　たとえばテンセントはそうした順番でグローバル展開をおこなっていますが、失敗が続いています。

　全世界向けに設計されたAlipayも世界ではまだまだ成功したとは言いがたく、引き続きチャレンジを続けています。BAT各社でさえサービスの国際展開に苦戦しているにもかかわらず、TikTokがグローバル全域でユーザーを満遍なく獲得できているのは、中国のIT業界にとっても前代未聞のことなのです。

　アメリカでも挑戦を続けているメルカリがまだ日本以外のマーケットで成功を収めていないことからも、TikTokは中国のみならず、アジア発として初めてグローバルマーケットで成功したアプリといえるかもしれません。

　中国のスタートアップを観察してきたわたしは、こうした最初の成功事例が出てくる意義は非常に大きいと考えます。

　なぜなら、貧しい一般庶民で、なにも持っていなかったジャック・マーがゼロからアリババを立ち上げ、立身出世を遂げたことで、中国

図表12　バイトダンス社のプロダクト一覧

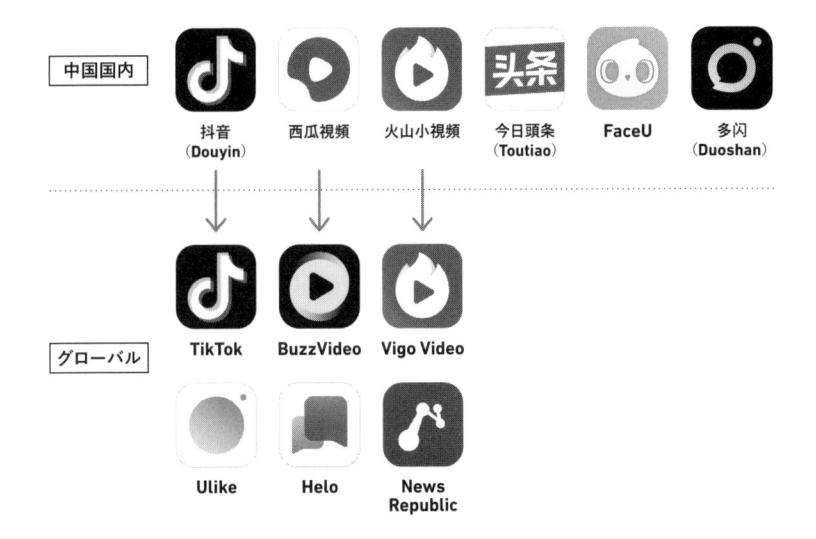

の若者の意識が大きく変わったという経験をしているからです[7]。

　ジャック・マーに憧れた起業家たちが、下の世代から続々と出てくるようになったのと同様に、バイトダンスの成功を機に、世界的に成功する中国企業が次々と誕生するのではないでしょうか。

Musical.ly から TikTok へ

　バイトダンスに買収された Musical.ly は、その後 TikTok へと移行していきます。アメリカではしばらく Musical.ly の形で残り、アプリもダウンロードできていましたが、2018年2月に、バイトダンス

7　ジャック・マーが中国社会に与えた影響については、下記のわたしの文章を参照してください。「華僑心理学 No.6 ジャック・マーが中国社会に与えた影響」https://note.mu/future392/n/nda8337a9d17c

はMusical.lyとTikTokの統合を発表。以後は基本的にTikTokのアプリのみサービスが提供されることになりました。

　中国のDouyinも、Musical.lyの運営方法やクリエイティビティの大部分を取り入れていきました。サービスに搭載される機械学習技術については、すでにバイトダンスが展開していたニュースアプリ「Toutiao」で磨き込まれており、高い完成度を持っていたことはすでに説明したとおりです。

　そしてその後の巨額の資金投入によって、Douyinはショートムービー・プラットフォームとしてNo.1の地位を確立することになります。
　その経緯の詳細をお話しする前に、前提として中国のショートムービー市場の歴史を押さえておきましょう。

中国における
ショートムービー市場の変遷

成長を続ける「時間キラー」
　中国のショートムービーのユーザー数は、2019年3月時点でMAU8億人にのぼり、1人あたりの月別平均使用時間は22時間という調査があります[8]。

　一般に中国では、2016年が「ライブ配信元年」、2017年が「ショートムービー元年」といわれています。この頃からユーザー数と使用時間数も顕著に伸長し、ユーザーがサービスに没頭して可処分時間の

8　出所：QuestMobile https://mp.weixin.qq.com/s/k7i_ANH65EC5P-tky9gV0g

図表13　ショートムービーのユーザー月間使用時間（分）

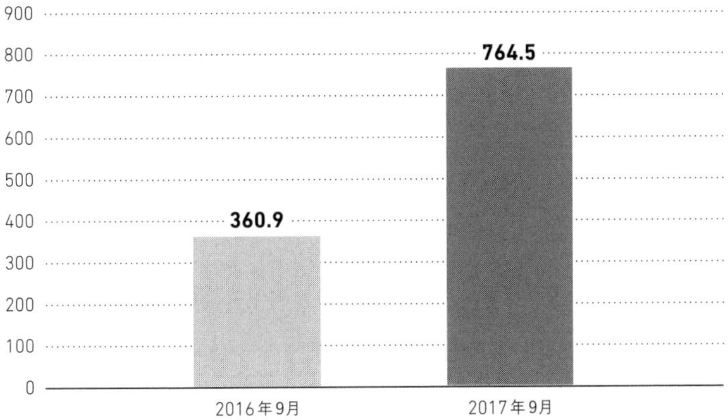

出所：中国産業信息

多くを費やしてしまうことから、「時間キラー」とも称されるように
もなりました。

　実際に2016年、2017年の中国市場の数字をみてみると、ショー
トムービーの平均月間使用時間は764分と2倍以上に増加しています
（図表13）。これはユーザーのインターネット使用時間全体の5.5％に
及びます（前年同期比+1.3％）。

　また、使用頻度については2017年以降にさらに激増しており、
2019年にはユーザーの1日あたりの使用回数が27回を超えるまでに
なっています（図表14）。

図表14　ショートムービーアプリの日次平均使用回数と増加率

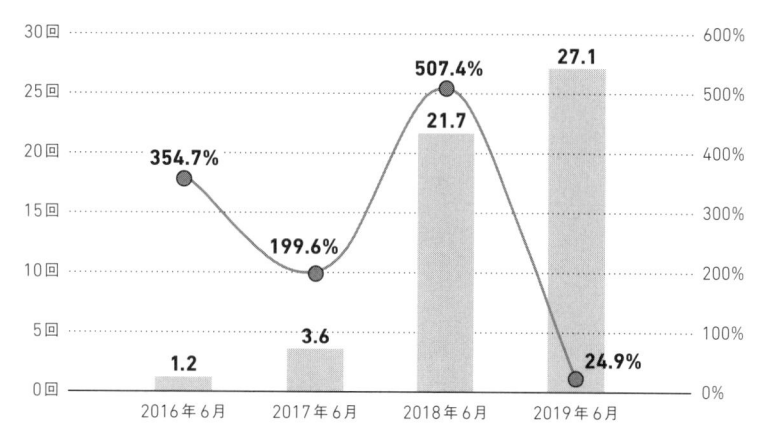

出所：2018-2019年短視頻行業発展綜述[9]

ショートムービーは、中国でなぜ爆発的に広がったのか?

　ショートムービーの特質として、隙間時間に好きなだけみられることが挙げられます。動画メディアは、映画、テレビ、YouTubeの順番で細かい視聴時間でも楽しむことができますが、YouTubeをさらに極限まで細かくしたのがショートムービーです。そのため、どのメディアよりも使用頻度は多くなる傾向にあるのです。

　スマホで撮影・編集ができるのでコンテンツの制作費が安く、手軽に、大量にコンテンツが作られるのも大きな特徴です。また、テキスト・図よりも直感に強く訴えられるため、SNSでシェアされやすい。実際に、テキストSNSであるTwitterでも動画コンテンツのほうがシェア率をはじめとするインプレッションは高く、2019年初頭から動画の投稿は格段に増加しています。

9　https://mp.weixin.qq.com/s/luK191s-Mo6MgsVxMXvQ3w

　こうした特質から、ショートムービーのSNSでは、これまでのどんなメディアよりも、インフルエンサーが生まれやすく、かつその影響力も大きくなると考えられます。

　中国では2016年から2018年にかけて、フォロワーが10万人以上のインフルエンサーの数は年間50%以上の伸び率で増加しており[10]、100万以上のフォロワーを持つインフルエンサーが2万人に達しています[11]。

　ショートムービー業界では、プラットフォームの成熟度を測る指標としてユーザーの増加スピードとインフルエンサーの増加傾向をみますが、両者は比例することが多いのです。

中国での大流行を支える地方・農村部

　このように中国でショートムービーが隆盛した背景には、北京・上海のような大都市（中国では「一級都市」と呼びます）ではない、地方・農村部の存在があります。

　第3章で、インドの地方と動画コンテンツとの相性の良さを説明しました。中国における地方・農村部も同様の傾向があるのですが、もう1つ中国ならではの別の理由もあります。

　日本の多くの地域と同様、中国では田舎に住んでいる人が地元にとどまるなら、基本的に農業をやるか、公務員として働くかしか選択肢がありません。

10　参考：2018年中国网红经济发展研究报告
　　http://report.iresearch.cn/report/201806/3231.shtml
11　参考：9カ月でフォロワー432万人。中国インフルエンサー（KOL）の「売れるためのキャラ設定」https://www.businessinsider.jp/post-174305

　しかし、ショートムービーやライブ配信はスマホさえ持っていれば、都市部・農村部関係なく参加することができます。これは田舎で暮らす人々にとっては夢のような話で、わざわざ都会に出て行かずとも仕事をすることができます。

　日本では、どれだけ田舎の農村に住んでいたとしても、東京の人たちとの差は大したことはありません。収入の点でも、日本は東京と地方の平均年収は2倍未満なので[12]、同じ国、同じ文化という意識はまだ保たれています。

　一方、中国では、都市部と農村部の間にはより大きな収入格差があります。さらにインフラや文化における差も、依然大きなものがあります。しかし、もし田舎に住む人であっても、仮にインフルエンサーとして一発当てて有名人になれば、北京・上海のような都会で暮らしている人よりも稼げてしまうわけです。

　その可能性に賭けて、中国の地方・農村部では、多くの人が積極的にショートムービーに参加するのです（同時に地方・農村部は娯楽も少ないので、ショートムービーは最適な「時間キラー」でもあります）。

　中国では、都市と農村との間に経済的格差があることに加え、物理的にも遠く離れているため、日本では想像できない心理的な壁も存在しています。わたしは日本でも中国同様の動画革命が起きることを確信していますが、その進み方については、この中国との違いを考慮に入れるべきでしょう。

12　2018年に厚生労働省より発表された「賃金構造基本統計調査」によると、平均年収が1位の都道府県は東京都で622万2900円、最下位は宮崎県で365万5300円でした。

Douyin（TikTok）以前のショートムービー市場

　歴史を紐解くと、ショートムービー・アプリが最初に誕生したのは2012年です。2013年9月には、テンセントが8秒のショートムービー・プラットフォーム「WEISHI」をリリースしました。他にも多くのサービスが同時期に出ましたが、似通っていたり、ポジショニングが不明確だったこともあり徐々に淘汰されていきました。

　そのなかで生き残りに成功したのが、ポジショニングが比較的明確だった、

　・「快手」（2011年3月Kuaishouより。GIFからスタートし、2012年にショートムービーへ転換。ジャンルは生活全般）
　・「秒拍」（2013年8月テンセントより。ジャンルはお笑い系メイン）
　・「美拍」（2014年5月美図公司より。ジャンルは女性や美容）

などの大型プラットフォームでした。

　この時期急速にショートムービーが発達したのは、インターネットとスマホ、そして4Gが普及したためです。2016年に入るとユーザー数は9億4100万人に到達。この数字は携帯電話ユーザーの71.2％に及びます。こうした変化の激しさは中国の通信データ量の変化からもよくわかります（図表15）。

　世界ではショートムービーの前にYouTubeのような長尺の動画が流行ったので、このような一足飛びの市場の発展の仕方は中国独自のものといえます。

　なお、バイトダンスが中国でDouyinをスタートさせたのが2016年でしたので、後発でありながら猛烈に上記のサービスに迫り、驚異的なスピードで追い抜いていったことになります。

図表15　中国全土の通信データ量の推移（2012年〜2017年）

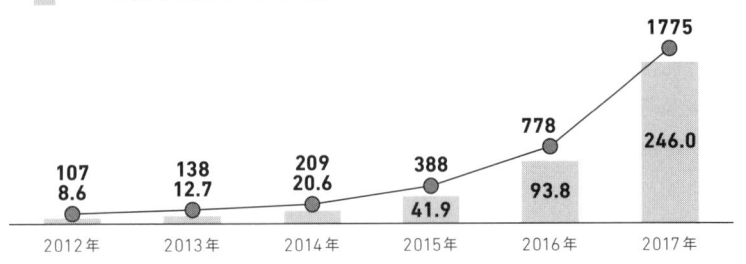

Douyin（TikTok）以後のショートムービー市場

　2016年から現在にかけては、ショートムービー市場は新しいフェーズに入ります。具体的には、多額の資金が投入されるようになったのです。

　図表16では、ショートムービー・サービスへの投資案件数と、投資額を表示しています。2016年を節目に投資件数・投資額ともに急増しているのがわかります。

　急増の理由として、Douyinの参入とバイトダンス社による積極的な投資があることは間違いないでしょう。

　しかし、より本質的な理由は、ショートムービーの需要の高まりにあると思われます。**現代人の生活が忙しくなるほど、人の集中力が低くなるほど、時間を埋めるツールとしてショートムービーは最適なものになるからです。**また、若者を中心に自己承認・自己表現欲求が高まり、それをベースとした創作意欲の向上や、SNSへの投稿意欲が

図表16　中国のショートムービー・サービスへの投資案件数と投資額

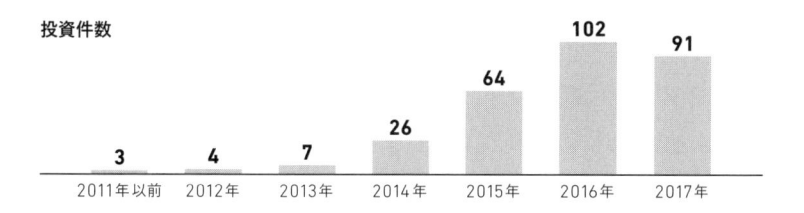

投資件数

2011年以前	2012年	2013年	2014年	2015年	2016年	2017年
3	4	7	26	64	102	91

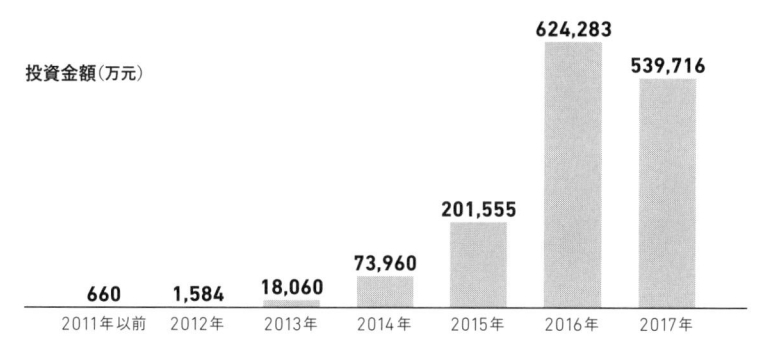

投資金額（万元）

2011年以前	2012年	2013年	2014年	2015年	2016年	2017年
660	1,584	18,060	73,960	201,555	624,283	539,716

出所:www.analysis.cn

高まったことも、ショートムービーのポテンシャルを押し上げています。

　また、動画の長さに限らず、ムービー・プラットフォームのセオリーは、コンテンツ力がプラットフォームの価値とユーザーアクセスの源泉になるということです。そのため、プラットフォームは投資資金を集めた後、筋のいいコンテンツ制作者に対して投資をすることが定石になるのです。

ショートムービーのクリエイティブは
「PUGCモデル」へ

UGCとPGCの融合

Douyin（TikTok）が参入した2016-2017年頃を境に、ショートムービーにおけるクリエイティブにも大きな変化がありました。

動画プラットフォームにおけるコンテンツを、制作されるプロセスによって大別すると、

・UGC（User Generated Contents）
・PGC（Professionally Generated Contents）

の2つに分かれます。

「UGC」はユーザー自身がコンテンツを作ってプラットフォームにアップロードするタイプで、YouTubeが代表的なサービスです。ソーシャル的な文脈が強く、娯楽性が高いのが特徴です。参入ハードルも低いので、多くのユーザー（配信者・利用者）を獲得できる一方、コンテンツのクオリティが低くなりがちですし、著作権などのリスクが伴うこともあります。

一方、「PGC」はプロが作るコンテンツで、典型的なサービスはNetflixです。UGCに比べると内容は作り込まれたハイクオリティなものになります。通常、PGCとして活動するクリエイターは、ショートムービーのプラットフォームとは別の、独立した組織・個人です。

　一般的に、**ネットのプラットフォーム上の 90％以上のコンテンツ
が UGC にもかかわらず、アクセスされるコンテンツの 90％以上が
PGC** といった状況にあるといわれています。

　YouTube の定番ネタになっている「メントスコーラ[13]」を思い浮か
べてもらえればわかるように、UGC プラットフォームではある動画
が流行ると、すぐさまそれを真似たコンテンツで溢れかえる現象が繰
り返されています。素人が考えつくことや撮影・編集できるレベルに
は限界があるので、UGC はコンテンツが単一化しやすい傾向にある
のです。

　そうなると、視聴者はマンネリ化したコンテンツに新鮮味を感じな
くなり、プラットフォームから離脱する確率が上がってしまいます。
それもあり、最近の中国では一部の UGC 生産者がプロ化して PGC
へと移行しようとする流れがあります。

　とはいえ、PGC へ移行するにも、ある程度の専門知識や資質が要
求されるのが実情です。さらに、純粋な PGC だと既存のテレビ番組、
ドラマ、映画の枠組みから出ることができず、「スマホ×縦型動画×
SNS」という文脈に上手に乗ることができません。要は、バランス
感が大事なのです。

　そこで中国では、UGC で有名になったインフルエンサーが、伝統
的なメディアや専門のエンタメ業界から人員をスカウトし、PGC コ
ンテンツを制作する体制づくりを進めています。

　このように UGC と PGC の境界線がなくなった形式は、両者が融

13　通称「メントスガイザー」。ペットボトルに入ったコーラの中にメントス数粒を一度に投入し
た際に急激に炭酸が気化し、泡が一気に数メートルの高さまで噴き上がる様子を撮影したコン
テンツです。

合した「PUGCモデル」と呼ばれ、近年の主流となりつつあるのです。

MCNの隆盛

　ショートムービー市場の盛り上がりは、コンテンツ制作の体制にもう1つの変化も起こしました。

　コンテンツの供給者が増えれば増えるほど、プラットフォームが直接彼ら・彼女らを束ねることは難しくなります。そこで生まれたのが、**動画投稿者のタレントマネジメントおよび制作・配信をサポートする組織であるMCN**（マルチチャンネル・ネットワーク）です。

　初期のMCNは、いわゆる芸能事務所に近い存在と説明されることが多かったのですが、実際の役割は異なります。

　芸能事務所の主な役割は、所属する芸能人を、テレビなどのメディアにキャスティングすることです。一方、MCNは（テレビ局のような）チャネルそのものであるインフルエンサー・クリエイターを束ねて広告案件の営業代行をしたり、コンテンツ制作全般をサポートしたりする役割を担うのです。

　日本にも、代表的なMCNとして、トップYouTuberのHIKAKINさんも所属する「UUUM（ウーム）」があります。

　MCNができたことで、クリエイターは自分1人ですべての業務をおこなう必要がなくなりました。同時に、プラットフォーム側も多数のインフルエンサーの管理を外部に委託することが可能となり、プラットフォーム全体の質が保たれる仕組みになりました。

　この仕組みが成熟化することで、クリエイター、プラットフォーム、広告主の三者間のコミュニケーションも円滑化し、効率が向上してい

くのです。結果として現在の中国では、9割以上のインフルエンサーがMCNに所属するモデルへと移行しているようです。

ショートムービー・プラットフォームの
基礎知識

　クリエイター側だけでなく、ショートムービーのプラットフォーマーについても基礎的なところを解説しておきましょう。

ショートムービー・プラットフォームの収益モデル

　成熟しつつあるショートムービー市場ですが、そのプラットフォーマーの収益モデルは現在4つに分類されます。

　1つ目、メインの収益源が「広告」です。その種類も4つほどあり、
①インフィード広告（コンテンツに混じった動画広告）
②ハッシュタグチャレンジ（TikTokオリジナル）
③プラットフォームを通じたインフルエンサーの広告
④壁紙やステッカー
と多彩なメニューとなっています。

　ショートムービー・プラットフォームでは、目が肥えたユーザーがターゲットとなるため、面白くない広告はみられないし、クリックされません。高いレベルのクリエイティビティが要求されます。

　2つ目の収益モデルは「EC」です。たとえば、ある動画で配信者が着ている洋服をワンクリックで買う、ということができます。中国のショートムービー・サービスには基本的にライブ配信が機能として

付いているので、そちらではECとの相性がとても良いのです。

3つ目が「ゲーム」です。こちらはTikTokやDouyinではまだスタートしていませんが、課金制のスマホゲームが、ショートムービーのプラットフォームでも遊べるというイメージです。

4つ目は先ほども触れた「ライブ配信」です。こちらの収益モデルは、①インフルエンサーに対する投げ銭収入と、②リアルタイムにものを紹介し売っていくライブコマース機能（テレビショッピングに近い）の2つになります。

「専門プラットフォーム」と「総合プラットフォーム」の違い

ショートムービー・プラットフォームは、その性質によって「専門プラットフォーム」と「総合プラットフォーム」に区分されることも押さえておきましょう。

「専門プラットフォーム」はショートムービーのみを扱うプラットフォームです（ただし、ライブ配信は含まれます）。中国での代表的なサービスは「抖音（Douyin）」のほか、「美拍」「秒拍」で、このタイプは全体の約30％を占めます（2017年上半期当初）。

もう1つの「総合プラットフォーム」はSNSやニュースアプリの一機能としてショートムービーが付属しているタイプで、全体の70％を占めます。代表的なサービスはToutiao[14]やWeiboなどです。

---

14 すでに説明したように、バイトダンスのニュースアプリです。Douyinと連携しているため、ここでは「総合プラットフォーム」に分類されています。

図表17　2017年に中国のユーザーが使用していたプラットフォーム状況

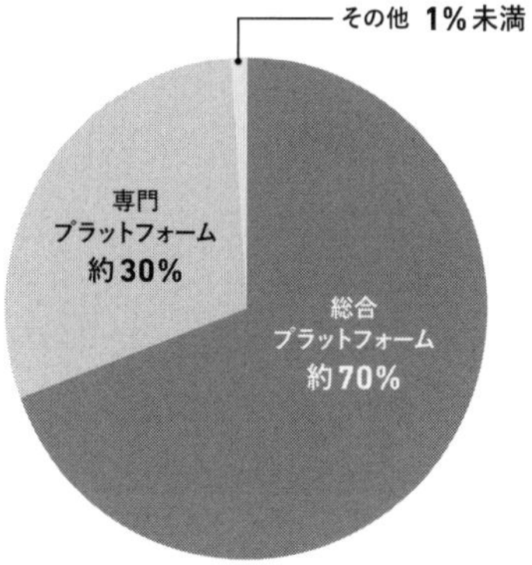

その他 1%未満

専門
プラットフォーム
約30%

総合
プラットフォーム
約70%

出所：中国産業信息

　ここで重要なのは、中国においてはショートムービーが機能として付いていないアプリを探すほうが難しいということです。

　図表18をみると明らかなように、専門プラットフォームの競争が激化するにつれ、抜きん出たサービスがいくつか出てきています。2017年のこの時点で、意外にもDouyin（抖音視頻）はまだ7番手だったことがわかります。

　なお、この時点で3位に食い込んでいる「西瓜視頻（Buzz Videoの中国国内版）」はバイトダンスが提供するものです。つまり、**Douyinのみならず、すでにいくつかのショートムービー・サービスをバイトダンスは展開していたのです。**各サービスの様子をみながら、Douyinの成長率を確信したうえで、厚く投資をしたわけです。

　話をショートムービー・プラットフォームの類型に戻すと、専門プラットフォームの裏には普通、大手SNSの存在があります。たとえば、テンセント系列のショートムービー・ユニコーンの「快手」（時価総額

**図表18　2017年Q1−Q3のスマホユーザーにおける
専門ショートプラットフォーム普及率**

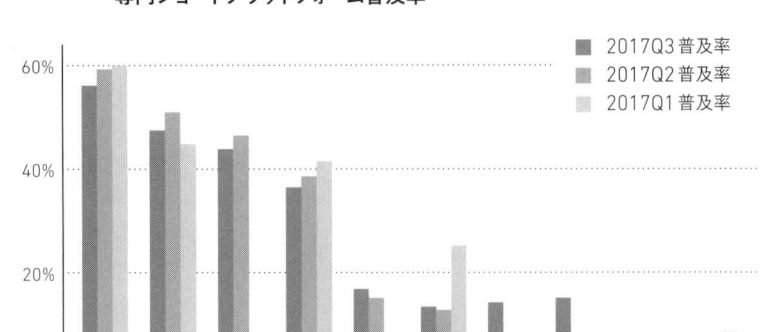

3.5億ドル）は全世界に4億人のユーザーを抱え、DAUは5000万人に
のぼります[15]。快手はテンセントの主力サービスであるWeChatやQQ
と連携することでシェアを拡大してきました。

　同様に、Weibo系列の「秒拍」はWeChat系のSNSやサービス間
でデータを交換したり、アクセスを分け合うことで成長してきました。

　バイトダンスでも「Toutiao」と「Douyin」を連携させています。
たとえば、あるインフルエンサーのページがあった場合、Toutiao
とDouyinで連携されていると、Douyinでファンになった人はその
インフルエンサーのニュースをToutiaoでフォローできるようにな
るのです。

　ちなみにToutiaoは、創業から2018年5月までもの長い間、「你
关心的，才是头条（あなたが関心のあるものこそがニュースである）」をスロ

15　出所：快手2019内容生态报告发布
　　https://mp.weixin.qq.com/s/hbEZZBtX7dZPPg_lDvN9IA

図表19　中国のスタートアップが所有する動画プラットフォーム

企業名	動画プラットフォーム				
バイトダンス系列	抖音	火山小视频	西瓜	多闪	
テンセント系列	快手	微视	速看视频	腾讯视频	音兔
	闪咖	梨视频	yoo视频	企鹅看看	哈皮
	猫饼	DOV	MOKA摩咔		
バイドゥ系列	好看视频	伙拍小视频	全民小视频	梨视频	
アリババ系列	土豆	VMate	Vake video	电流小视频	快射
	优酷拍客				
シンラン系列	小咖秀	河豚视频	战鲨	秒拍	看点

ーガンに掲げたように、パーソナライズされたレコメンドの磨き込み
を前面に打ち出していました。ここでも、バイトダンスのレコメンド
機能への自信を垣間見ることができます。

(ただし改定後は、「信息創造価値（情報こそが価値を創造する）」という、平凡な
キャッチコピーになってしまいましたが。)

　このように、SNSを展開する各社がおしなべてショートムービー
に触手を伸ばしていることからも、**ショートムービーが不可欠なプロ
ダクト／機能と認識されている**ことがわかります。実際、競争を生き
残ったショートムービー・プラットフォームをみると、ほとんどが大
手SNSの支援を受けていました。**大手から出資を受けたり、拡散の
仕組みを利用したりすることで、質の高いコンテンツを集め、ユーザ
ーの確保に成功した**のです。

ショートムービーとライブ配信の関係性

　ここまで読まれて、日本の多くの方にいまひとつしっくり来ていな
いのは、ショートムービーとライブ配信の関係性かもしれません。念
のため整理しておきましょう。

　中国においてショートムービー元年は2017年と述べましたが、ラ
イブ配信が爆発的に成長した元年は1年早い2016年です。

　図表20は、「総合プラットフォーム」と「専門プラットフォーム」
を分け、MAU（月間アクティブユーザー数）の推移を表しています。両
者ともに驚くべきスピードで成長し、産業が急速に立ち上がっている
のがわかるかと思います。とりわけ総合プラットフォームは2017年
1月時点で1.5億人だったのに対し、2018年2月には4億人を超えて
います。

図表20　「総合プラットフォーム」と「専門プラットフォーム」のMAU数の推移

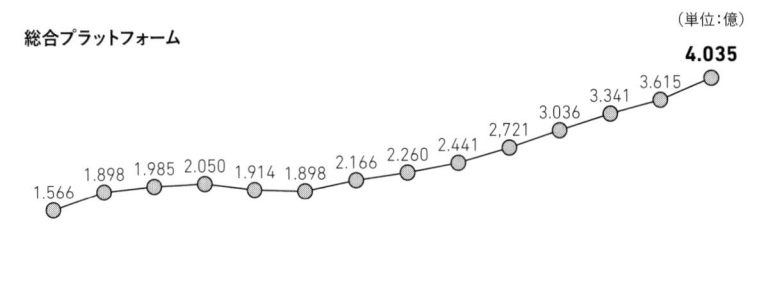

総合プラットフォーム　　　　　　　　　　　　　　　　　　　　（単位：億）

4.035

1.566　1.898　1.985　2.050　1.914　1.898　2.166　2.260　2.441　2.721　3.036　3.341　3.615

1月　2月　3月　4月　5月　6月　7月　8月　9月　10月　11月　12月　1月　2月
2017年　　　　　　　　　　　　　　　　　　　　　　　　2018年

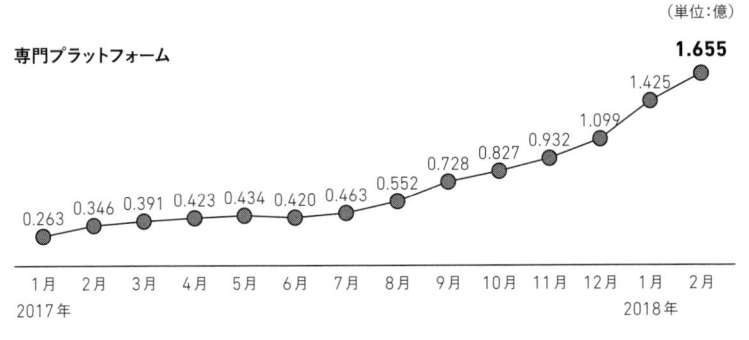

専門プラットフォーム　　　　　　　　　　　　　　　　　　　（単位：億）

1.655

1.425

0.263　0.346　0.391　0.423　0.434　0.420　0.463　0.552　0.728　0.827　0.932　1.099

1月　2月　3月　4月　5月　6月　7月　8月　9月　10月　11月　12月　1月　2月
2017年　　　　　　　　　　　　　　　　　　　　　　　　2018年

出所：http://www.199it.com/wp-content/uploads/2018/04/2018%E7%9F%AD%E8%A7%86%E9%A2%91%E8%
A1%8C%E4%B8%9A%E5%B9%B4%E5%BA%A6%E7%9B%98%E7%82%B9_000006.png

　とはいえ、初期には問題もありました。元年（2016年）前夜、ライ
ブ配信業界ではアダルト系コンテンツの規制が一気に厳しくなり[16]、
72もの配信事業者が停止に追い込まれたのです。事業停止を免れた
プラットフォームでもコンテンツの同質化が生じ、ユーザー間でもラ

16　参考：2016年9月, 广电总局下发《关于加强网络视听节目直播服务管理有关问题的通知》。
　11月, 网信办发布《互联网直播服务管理规定》。

図表21　ライブ配信事業者のユーザー数

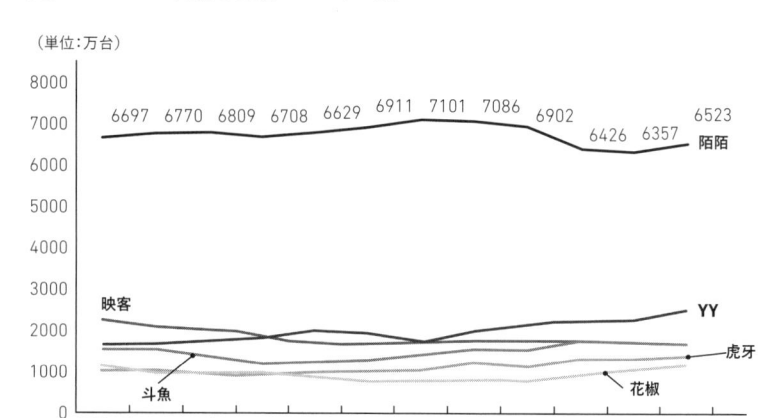

（単位：万台）

先行して流行していたライブ配信には、ショートムービーと比較して、大きく2つのメリットがあります。1つは編集コストがゼロなので、手軽に配信できること。もう1つは、リアルタイムで配信主の顔を修正してくれる（もっといえば「盛ってくれる」）ことです。

中国では「ライブ配信主は現実世界にはいない」とよく言われるように、それくらい何も準備する必要がなく、ただ画面に向かって話せばいい気楽さがあります。もちろんライブ配信のための時間は割く必要がありますが、それももう1つのメリットにつながります。

イブ配信疲れが起こりました。それによってライブ配信事業者は新たなビジネスモデルの模索を始めます。

　業界の再編が起きた結果、現在は「momo（陌陌）」が独走しつつ、そのあとに4～5社が続いています（図表21）。

　すなわち、**オンラインでファンとやりとりをするため、インタラクティブ性が強化され、投げ銭をしたり、物を買ってくれるインセンティブが高まる**のです。それにより、投げ銭と広告から成る商業モデルが成立し、産業として成長していきました。

　ライブ配信をショートムービーと比較した際のデメリットとしては、**プラットフォーム側には継続的な投資が必要になります。そして配信主も、コンテンツがストックとして残らないために、時間や労力といった多大な投資を継続的におこなう必要がある**のです。

　ショートムービーでは細切れにコンテンツがストックされるために、クリエイターは好きな時間に撮り貯めができる手軽さがあります。一方、ライブ配信のようなリアルタイムのやりとりができないために、ファンの粘着率を上げにくく、投げ銭も発生しにくくなります。そのため収益も広告頼りになり、マネタイズが課題になります。したがって、現在は**ライブ配信＋ショートムービーの両分野を相補的に取り扱うプラットフォームが多い**のです。

　2017年8月、ライブ配信大手の「YY」が15秒のUGC形式のショートムービー・アプリをリリースしました。同年9月には「花椒直播」もショートムービー機能を追加。Douyin にもすでにライブ配信機能がついていますが、日本版 TikTok ではまだリリースされていません。

　ライブ配信サービスが後からショートムービー機能を追加したり、ショートムービー・プラットフォームが後からライブ配信機能を追加したりと、両機能は1つのプラットフォーム上で、兄弟のように補完的な存在として同居していることが一般的になりつつあります。

図表 22　ショートムービー業界のユーザー数の規模予想

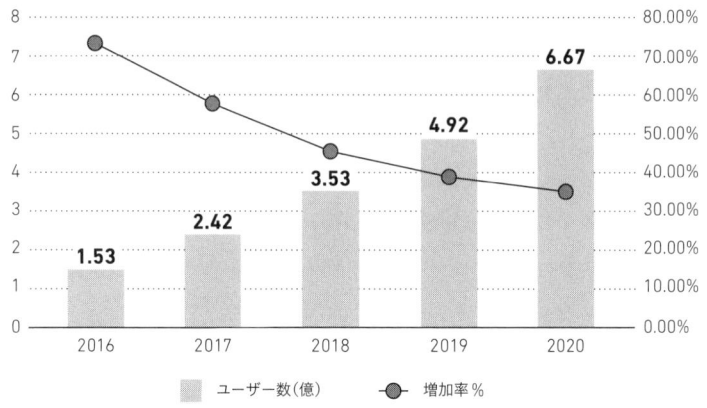

ユーザー数（億）　　増加率 %

出所：2018年中国短視頻行業発展現状及発展前景分析【图】¹⁷

図表 23　2016-2020年のショートムービー業界の市場規模予想

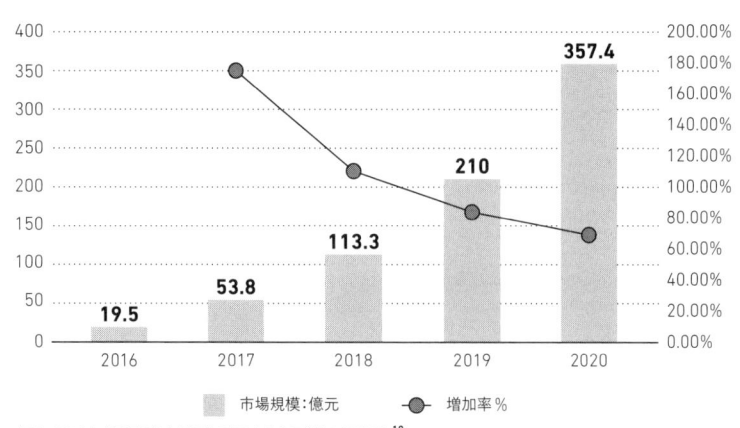

市場規模：億元　　増加率 %

出所：2018年中国短視頻市场行業現状及行業発展趨勢分析【图】¹⁸

http://www.chyxx.com/industry/201803/625269.html
18 http://www.chyxx.com/industry/201806/648004.html

　ショートムービー業界のユーザー数推移の予想をみると、2020年にかけて成長率こそ鈍化するものの、ユーザー数自体は堅調に伸びていく見込みです（図表22、23）。

　こうした中国の業界の軌跡は、日本の関係者にとっても大いに参考になるのではないでしょうか。

Douyin（TikTok）はどのように中国のショートムービー市場を制したのか

　それではいよいよ、Douyin（TikTok）が産声を上げた後、いかにして中国最強のショートムービー・プラットフォームへ進化を遂げていったのか、大きく3つの時期に分けてみていきましょう[19]。

第1期（2016年9月〜2017年4月）：洗練されたイメージで大成功

　2016年9月、TikTokの原型になったサービスは「A.me」という名称でリリースされました。Douyinに改名したのは、その3カ月後の12月です。それから1年も経たぬ2017年8月に、海外向けにTik-Tokをリリースしました。さらに3カ月後の11月には、先述したようにMusical.lyを買収し統合しています。このように短いスパンで矢継ぎ早にサービスの形を変えながら、急速な成長を遂げてきました。

　とはいえ中国では、何年も前からショートムービー業界で数多くのプレイヤーがしのぎを削っており、まさかDouyinがたった1年で追い上げて来るとは、誰も予想だにしていませんでした。なぜなら、

19　参考：抖音发展历程：它是如何做到火爆全球的？
　　http://www.baijingapp.com/article/18931
　　从抖音的探索与发展，聊聊它的未来 https://www.sohu.com/a/231081298_114819

IT業界、とりわけプラットフォーム型のビジネスにとって先行者優位は絶大な影響を及ぼすからです。長年にわたってYouTubeを脅かすサービスが登場していないことからもそれは明らかです。中国でも実際、Douyinが勢力を拡大するまで、最初期にサービスを開始していた「快手」がトップをキープしていました。Douyinの躍進は中国国内のみならず、世界的にみても革新的な出来事なのです。

バイトダンスのCEOである張一鳴は、「ワールドワイドで通用する商品に、ローカライズされたコンテンツを」と同社の理念を謳っています。

その言葉通り、中国ですでに数多く存在したショートムービー・プラットフォームと差別化するべく、バイトダンスは海外において「音楽×エンタメ」で独自のポジショニングを確立していたMusical.lyを模倣し、中国に持ち込みました。

当時、中国の都会の人たちの間では「ショートムービー＝田舎の人たちが遊ぶプラットフォーム」といったイメージが大勢を占めていました。そこにDouyinは、アメリカのリア充な若者たちが使う、洗練されたショートムービーといったイメージを持ち込んだのです。

リリースから約半年、DouyinはほとんどマーケティングやPRをおこないませんでした。最初から大々的にサービスをアピールするのではなく、ライバルに気づかれることなく、地道に機能構築と改善を重ねるのがバイトダンス流です。いざブームが訪れ、多くの新規ユーザーがDouyinを触ったときに、顧客体験の高さによってユーザーのリテンション率を高めることが狙いなのです。

実際、2017年3月に岳云鵬（Yue Yun Peng）という中国の俳優が

Douyinにショートムービーを投稿したことで、ブームに火がつき、多くのユーザーを獲得します。

第2期（2017年4月〜2018年1月）：ユーザー数が10倍に成長

　次に、2017年4月〜2018年1月を「第2期」に位置づけて説明していきます。

　この頃になると、大方のサービス開発が落ち着き、徐々に露出を増やしてファンを獲得するフェーズに入っていきます。つまり、開発中心の態勢から運営に集中する態勢への方向転換です。実際、この期間にDouyinは、ユーザーを獲得するための大型キャンペーンを次々と実施しました。

　バグの解消や機能改善に取り組んできた第1期と比較すると、さまざまなTV番組や芸能人を巻き込んだ企画や、企業とコラボしたプロモーションが盛んにおこなわれたことが特徴です。2018年の日本におけるTikTokの展開と近い状況といえます。

　2017年11月にMusical.lyを買収した後は、ショートムービー・プラットフォーム業界において独自のポジションをとるために、音楽色や洗練度を強化していきました。ここで「強化」と書いたのは、もともとMusical.lyを模倣していたため、なにもサービスの方向性を転換したわけではないからです。

　Douyinが急成長を遂げる以前、市場でトップを走っていた「快手」のユーザー層は、田舎住まいの文字情報を好まない人が多くを占めるイメージが強く、コンテンツの内容も生活感があるものが多かったようです。対して、Douyinはより音楽性、アート性、洗練度、年齢の若さを強調し、きらびやかなイメージを確立していきました。それに

よって、大衆に「都市部のDouyin、田舎の快手」というイメージを植えつけたのです。

　実際には、必ずしも快手のユーザー層の方が顕著に地方部に多いとはいえませんでした[20]。なにが言いたいのかといえば、Douyinが人々の間に確立したイメージの強さです。実際、上海の知人に「快手とDouyinの違い」について尋ねると、口を揃えて「快手は田舎者が使うアプリで、Douyinは都会的」との答えが返ってきます。

　Douyinが後発ながらショートムービー業界で頭ひとつ抜け出せた背景には、こうした**「カッコイイ、個性的、イケてる」といったイメージを形成できた**ことが大きいのです。あとは既述したように、SNS的な機能を活かし、他の拡散性が高いSNS（WeiboやWeChat）にも助けられながらどんどんユーザーを獲得していきました。

　もう1つ重要なのは、Douyinが単にイメージ戦略だけで快手に追いついたのではなく、UIの仕様面でも両者には決定的な違いがあることです。快手はアプリを開くと、まず4つの画面をユーザーに選ばせます。

　対して、Douyinはユーザーに能動的に選ばせることなく、オススメの動画を自動で表示します。ユーザーの嗜好を事前に確認することなく自動で表示するのは、機械学習技術に絶対的な自信がなければできない仕様です。Douyinの表面的な仕様を快手が真似ることはできても、背後に磨かれたテクノロジーがないと意味をなさないので、真似すらもできない。圧倒的な技術力の有無はやはり重要なポイントなのです。

20　参考：抖音＆快手用户研究数据报告，来了！　http://www.sohu.com/a/281760986_742234

「快手」の画面　　　　　　　　　　　「DOUYIN」の画面

　このようなさまざまな要因から、第2期（2017年4月～2018年1月）
にDouyinのユーザー数は10倍にまで成長しました。

第3期（2018年1月～現在）：巨大IT企業の脅威となる

　第2期にユーザーを10倍以上に増やしたDouyinは、2018年1月
から現在にかけてコンテンツの多様化およびユーザーの年齢層のリフ
トアップに舵を切ります。その試みは成功し、2017年3月頃まで18
～24歳だったメインユーザー層が、6月以降は24～30歳までに移行
しています。

　そして2018年3月、Douyinはオークション・ショッピングサイトの「タオバオ（淘宝）」と提携し、EC機能をリリースしました。この連携は暗に、バイトダンスがアリババと協業する道を選んだともみえる非常に大きなニュースです。

　以前、「アリババとテンセント、どちらの側につくのか？」と質問された際、CEOの張一鳴は「うちは独自にやりたい」と答えていました。事実、今回の提携もあくまで協業に過ぎず、資本提携ではありません。それでも収益モデルが限定的（広告、ライブ配信、EC）であるショートムービー・プラットフォームのDouyinがEC大手のアリババと手を組むのは、大きなニュースとなりました。

　バイトダンスが提携先にアリババを選んだ背景に、テンセントとの関係性の悪化が挙げられます。破竹の勢いでユーザーを獲得してきたDouyinは、2018年3月、テンセントが提供するWeChatにおけるリンクのシェア機能を断ち切られました。また同月、中国版のTwitterであるWeiboからもシェア機能を遮断されました。
　自社サービスからBANしたことに飽き足らず、テンセントはバイトダンスを名誉毀損で提訴。その翌日、バイトダンスは反発し、テンセントを不正競争で提訴し返しました（2018年6月）。さらにバイトダンスはテンセントのプラットフォーム上でDouyinのミニプログラム[21]をリリースしましたが、すぐさまテンセントにより閉鎖されます（2018年7月）。
　このように、バイトダンスとテンセントの熾烈な争いは泥沼化の様相を呈しているのです。

21　コラム3参照。

図表24　スマホにおけるユーザーの利用時間比率の推移（図表4再掲）

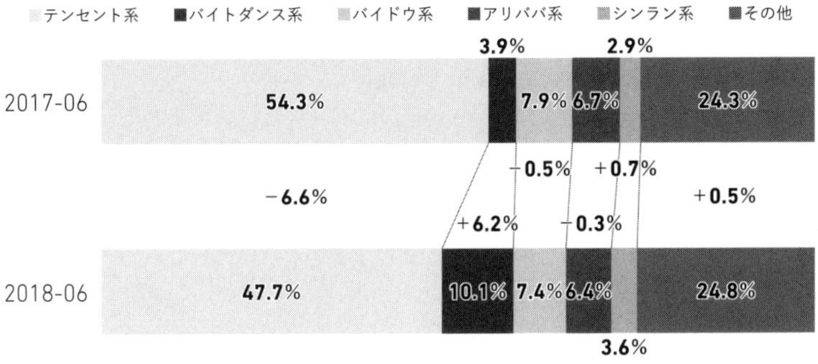

出所：QuestMobile 移动互联网全景流量洞察

　近年、中国のIT業界では「ユーザーの可処分時間をいかに確保できるか」が重要なKPIとして重視されるようになりつつあります。今まではユーザー数やアクセス数が主要な指標でした。そこに可処分時間が新たな主要指標として置き換わったことで、WeChatのテンセントやWeiboのシンランといった中国屈指のIT企業がバイトダンスを脅威に感じ始めたのです。なぜなら、これらの企業は単純なユーザー数ならバイトダンスにまだ優っていますが、可処分時間を奪う巧さではバイトダンスに劣るからです（図表24）。

　毎月2〜3個の新規サービスを実験的にリリースし続けているというバイトダンスからは、今後も可処分時間を巧みに奪うサービスが生まれる可能性は高いでしょう。それによって、バイトダンスの存在感は今後さらに増していくと思われます。

コラム4
スターバックスと資本主義に挑戦するロックな企業

1年で2000店舗出店するLuckin Coffee

　TikTokと同様に、中国で爆発的なスピードで成長しているサービスとして「Luckin Coffee」を紹介しましょう。

　Luckin Coffeeは2017年末に創業した、コーヒー店チェーンを展開する中国のスタートアップです。アプリでしか注文できず、デリバリーでの営業が基本という特徴があります。

　2018年の1月に1号店を開店すると、すぐさま拡大路線に入り、1年で全国21都市、2000店舗まで数を増やしました。1999年に中国展開を開始したスターバックスが20年かけて約4000店舗（2018年時点、市場シェア51%）を開いたことを考えても、Luckin Coffeeがとてつもないスピードで拡大したことがわかります。

　猪突猛進に多額の資金調達を続けてきたLuckin Coffeeですが、2018年12

月の決算発表で驚きの実態が判明します。なんと売上の60億円に対し、140億円の純損失が計上されていたのです。「Luckin Coffeeがものすごい大赤字を垂れ流した」と大騒ぎになったのですが、その際にCEOはインタビューで「こんなものじゃ終わりません。もっともっとお金を燃やし、（現在の2000店舗に追加して）あと1年で2500店舗開きます。それによってスターバックスの4000店舗を抜かします」と答えたのです[1]。

その後、2019年5月には、設立からわずか18カ月という最短記録でナスダック上場を果たします。そして8月には、上場後初の決算を発表。純損失は103億円にまで拡大との報道が出ています[2]。

投資家からの資金を積極的に燃やしながら挑戦を続けるLuckin Coffeeのスタイルは日本では想像しにくいかもしれませんが、個人的にはロックといいますか、ある意味資本主義への挑戦のように思えます（笑）。

急激な成長を実現した"中国流"のイノベーション

そもそもLuckin Coffeeは短期間でどのようにユーザーを獲得していったのでしょうか。彼らがまず初めにおこなったのは、定期的に無料クーポンを配りまくることです。日本では新規顧客に対してクーポンを発行することが一般的ですが、Luckin Coffeeが斬新なのは新規／既存に関係なく、定期的にクーポンを発行すること。値段自体も、「スタバのラテが500円なら、Luckinは380円」とスタバの1〜2割引に設定されています。

ただ、それよりも効果的なのが、友人や同僚の間でWeChatを介してシェアされる「BUY5 GET5クーポン」の存在です。このクーポンを用いると、実質スタバの半額以下の価格でコーヒーを飲めることになります。ユーザーに

---

1 参考：中国カフェ戦争、スタバに挑む急成長新興チェーン
  https://jp.reuters.com/article/china-coffee-idJPKBN1KG08D
  中国の"ニューリテール"コーヒースタートアップLuckin Coffee（瑞幸咖啡）、赤字ながらも値下げ攻勢を継続へ
  https://thebridge.jp/2018/12/luckin-coffee-subsidy-losses
2 出所：Luckin Coffee　上場後初の決算発表　純損失103億円まで拡大
  https://36kr.jp/24056/

定期的に自社サービスを使い続けてもらう習慣づけをおこなったのです（2019年8月現在、同キャンペーンは終了）。

　まとめると、

　①採算を度外視した、ユーザー獲得のための金に糸目をつけない大胆なプロモーションの継続
　②SNSを使った巻き込み型購入パターンの確立

が急激な成長を支えたのです。

　Luckin Coffeeの影響もあってか、最近スターバックスもアリババが買収した食配サービスの「Ele.me（餓了麼）」と提携し、デリバリーサービスを始めようとしています。グローバルで覇権を握る天下のスターバックスがLuckin Coffeeの後追いを始めた状況をみると、中国企業をコピーキャットとみなし油断していた時代が終焉しつつあると感じます。Luckin Coffeeは一例に過ぎませんが、これから中国企業は、ものすごい資金とスピードで猛進し、業界を揺るがしていく虎に進化していくのです。

　とはいえ、Luckin Coffeeがこのまま順風満帆に成功するかどうかは誰もわかりません。2015年にサービスを開始し、一時はシェアリングエコノミーの旗手として注目を浴びていたシェア自転車サービスの「ofo」は現在、経営危機にあると報じられています。ofoはLuckin Coffeeと同等のバラまきに近いマーケティング手法で急拡大を図ったスタートアップでした。

　そもそもこうした消費活動やマーケティングスタイルは近年始まったものであり、勝てるかどうか、正しいかどうか、に関してはいつか歴史が証明するもの。今はその可否を判断することができずとも、業界を揺さぶるインパクトの大きさや、スタイルのイノベーティブさに、多くの人が魅力を感じていることは確かです。

　シリコンバレーとは違った形で、中国ならではのイノベーションが芽ばえつつあるといえるかもしれません。

第 5 章

TikTokで花開くインフルエンサー経済

日本のはるか先をいく
中国の"インフルエンサー経済圏"

中国では、インフルエンサー・マーケティングは「マスト」な手法

　前章で述べたように、ショートムービーは、インフルエンサーとの相性が抜群によいメディア・コンテンツです。したがって、ショートムービーが社会に浸透した中国では、インフルエンサーの影響力が非常に大きくなっています。**日本においても、これから起きる「動画革命」のビジネスにおける大きな変化の1つは、インフルエンサー・マーケティングの盛り上がりになるはずです。**

　本章では、中国Douyinにおけるインフルエンサー、そしてインフルエンサー・マーケティングの実例を紹介しながら、日本の未来像を探っていきましょう。

　なお念のため、インフルエンサー・マーケティングとは、「特定のコミュニティにおいて強い影響力をもつインフルエンサーを活用し、消費者の購買を促すマーケティング手法」です。KOL（Key Opinion Leader）マーケティングとも呼ばれ、中国ではこちらの名称のほうが一般的です。

　日本では、インフルエンサー・マーケティングは「予算が余ったら試してみようか」程度の、補助的な手段の1つといった印象があるのではないでしょうか。

　対して**中国では、「BtoC市場におけるマーケティングのメイン施策はインフルエンサー・マーケティング」**といってよいほど活用されています。新しい消費財やオシャレな飲食店を流行らせようとするとき、インフルエンサーの活用は「マスト」と断言できます。それほど、イ

ンフルエンサーたちが独自の経済圏を築いているのです。

中国の著名インフルエンサー（KOL）たち

　百聞は一見にしかずということで、まず中国のDouyinで有名なインフルエンサーたちを紹介していきます。前提として、Douyinを始める前から有名だった人と、Douyin発で有名になった2種類のインフルエンサーがいることに留意してください。

醉鵝娘（Zui E Niang）：中国で最初のワイン系インフルエンサー

　醉鵝娘はアメリカの名門・ブラウン大学卒の女性です。2012年、大学生時代から「NY留学女子」というブログを発信していました。可愛い顔をして留学生活を生々しく愚痴るスタイルが支持を受け、一躍有名人になりました。

　当時は「インフルエンサー」という概念がちょうど生まれ始めてい

た時期であり、彼女もいち早くその可能性に気づいていたようです。
インフルエンサーとしての自分のポジショニングを明確にするため、
ちょうど中国で一般の人たちにも広がり始めていたワインに目をつけ
ました。「ワイン系インフルエンサー」になることを決意した彼女は、
フランスに留学します。

　帰国後、VCから投資を受け、会員制のワインクラブの会社を立ち
上げました。後に、シェラトンやフォーシーズンズといった有名ホテ
ルにもワインを卸すまでに成功を収めます。当時はまだDouyinは存
在していません。彼女はWeiboや他の映像プラットフォームを通じて、
ワインの種類や飲み方、ワインに合う食べ物などを紹介していました。
ときにはワインの産地まで足を運んで情報発信をし、テレビ番組への
出演なども果たしながらインフルエンサーとしての地位を確立してい
きました。
　中国ではワインの識者がまだ少なく、ワイン自体がまだ国民にとっ
てハードルが高いものだったこともあり、独自のポジションを築くこ
とができたのです。

　その後、Douyinでもインフルエンサーとして人気を獲得した彼女
は、2017年には雑誌「彭博商业周刊中文版」[1]にて「もっとも注目す
べき30歳以下の女性創業者」に選出されました。

　上海在住のわたしの知人（30代女性）も、彼女がDouyinで紹介し

1　「Bloomberg Businessweek」の中国版です。

ていたワインを11月11日の「独身の日（ダブルイレブン）」[2]に購入する
など、都市部でも大きな影響力をもつインフルエンサーになっていま
す。

末那大叔（Mo Na Da Shu）：ファンビジネスの最先端いく父＆息子

　次に紹介したいのは、70代の父と30代の息子が２人で活動してい
る「末那大叔」です。なお、末那大叔というのは末那おじさんという
意味で、息子さんのほうのあだ名です。70代のお父さんは、北海爺
爺と呼ばれています。

　母親と娘が一緒にやるならまだしも、父と息子のインフルエンサー

2　2009年の11月11日（独身の日：名称の由来は「１」が並ぶため）に、アリババグループが
ECサイトで大規模な販促イベントを開催しました。その売上高は予想以上の数字をたたき出し、
以降、大手ECサイトや百貨店・スーパーなどが一斉に販促イベントをおこなう日として中国
全土に定着します。2018年の独身の日には、アリババでの24時間の売上が2135億元（約３
兆5000億円）に達し、話題を呼びました。

というところに新しさを感じます。この32歳の息子、杨楷（Yang Kai）さんがかなりのやり手で、2014年からレストランを経営。それに伴いSNSを使ってうまく発信をしています。

彼のポジショニングも秀逸で、モデルをやっているほどのイケメンなのに、あえて自分を「おじさん」とラベル付けしたのです。Douyinでは「仮想彼氏」のようなイケメンを利用したキャラクター付けが多いのですが、彼はあえて「おじさん」を前面に出すことで、女の子でも安心して頼れるポジショニングを確立したというわけです。

2017年3月、彼らは日本でいうLINE@（ラインアット）[3]のようなWeChatの公式アカウントサービスを活用して、毎夜21時に「おやすみ」を音声で配信するボイスブログを始めました。そして、たった1年半で300万人ものフォロワーを獲得したのです。WeChatはすでに成熟していたプラットフォームで、後発での新規参入は難しいと言われていたので、大きな注目を集めました。

中国は人口が多く、インフルエンサーも数え切れないほどいるため、**インフルエンサーとして頭角を現すためには、一にも二にもポジショニングが大切**になります。ただイケメンでも美女でもダメで、もう1つ、プラスアルファのユニークさが求められるのです。その意味で、「末那大叔」はユニークさを3つも4つも掛け算することで業界内を勝ち抜いた、ぜひとも知っておきたいケースです。

3　LINE@（ラインアット）とは、ビジネス向けのLINEアカウントで、ユーザーに向けて一斉にメッセージやクーポンを送信できる機能を持ちます。LINE公式アカウントに似ていますが、より低コストなため個人事業主でも比較的気軽に利用できます。

　この WeChat での取り組みが優れていたのは、「足長おじさんのような、頼れる優しいおじさん」を"概念化"したことにあります。

　どういうことか説明しましょう。毎夜発信するボイスブログの読者から無数に飛んでくるすべてのリプライに返信するため、彼は裏側でチームを結成しました。オンライン・オフラインで 60 名近くの体制を構築し、WeChat アカウントの運営には 20 人のスタッフが対応。「いいね」をつける係とコメントに返信する係に分け、1 人が 5000 人のファンを受け持っているようです。

　実際、試しにわたしもコメントをしたことがあるのですが、すぐに返信がきました。熱心なファンからの重めの相談にも丁寧に返す仕組みが確立しています。こうした工夫の甲斐もあり、彼らのアカウントからのメッセージは高水準の開封率を維持しています。

　すでに WeChat で 300 万人を抱えていた「末那大叔」ですが、2018 年になり、Douyin にも参加しました。ちなみに、ご高齢のお父さんが登場するのは Douyin のほうで、WeChat のアカウントでは出てきません。

　アカウントを開設してから、わずか数カ月で 500 万人のファンを獲得。使用するプラットフォームごとにポジショニングや内容を調整することで、確実に人気を獲得しているのです。

代古拉k（Dai Gu La k）：女性ダンス系インフルエンサーの No.1

　「代古拉k」は韓国系の美女であり、Douyin発のダンス系インフル
エンサーのトップを走る存在です。

　Douyinならではのスピード感で、アカウントの開設から数日間で
数万人のファンを獲得しました。自分の名前をもじったハッシュタグ
チャレンジも数多く開催しています。

　インフルエンサーになってからは、中国の携帯メーカー「OPPO[4]」
の広告にも起用されました。彼女が身につけている洋服もタオバオで
よく売れるため、イメージとしてはインスタグラマーのビジネスモデ
ルに近いといえます。

4　OPPO（オッポ）は世界のスマホ市場で、サムスン電子、アップル、ファーウェイに次ぐ4位
　のシェアを持つ中国メーカー。中国では給料の高さでも有名です。

　Douyinには彼女を含め「三大神」と呼ばれた3人のインフルエンサー女性がいましたが、現在も残っているのは彼女だけ。残りの2人はアカウントをBANされてしまいました。中国で禁止されているライブ配信中に国歌を歌うことや、青少年に悪影響を与える可能性がある不祥事や素行の悪さがその原因とされています。どれほど影響力のあるインフルエンサーでもバイトダンスの規約を破ると、通常のユーザーと同じようにBANされてしまうのです。

戴建業（Dai Jian Ye）：漢詩の授業で大ブレークした大学教授

　62歳の「戴建業」は華中師範大学文学院の教授です。漢詩の先生で、李白の詩の解説などをしています。

　2010年の授業の版権を、教授がとある教材会社に販売。その教材会社が8年後、授業風景を切り取ってDouyinにアップロードしました。すると、30秒の授業風景の動画は3000万回再生、100万いいね、

の大ヒットを記録したのです。

　ヒットの背景には、「唐玄宗も大したもんだよ。音楽ができ、詩もかけて、金もある。皇帝の地位についてから20年たって腐敗したけど、わしだったら5年もたてば腐敗していた」などの気取らぬ教授の物言いや、ユーモア溢れる授業風景があります。しかし何より、40分の授業のなかで、もっとも面白かった部分を切り取り投稿することのできるDouyinだからこそのブレイクだったともいえるでしょう。

　そのあと発売された著書も大ヒットしました。教授は「1カ月前までDouyinが何かも知らんかった。それなのに、いきなりブレイクして、講義のプレッシャーが爆増した。もともと原稿がなく、アドリブだからなおさら」と語っています。

　バイトダンスとしても、プラットフォームの質と民度を向上させる意味で、このようなやや堅めの真面目なコンテンツを増やしていきたいという狙いをもっています。2017年度末には、CCTVのドキュメンタリー『如果国宝会説話』と協業し、国宝や埴輪が歌って踊る、博物館と現代社会を掛け合わせたような内容のショートムービーを制作しました。とても魅力的ですので、ぜひみてください[5]。

済公爷爷（Ji Gong Ye Ye）：昔の人気俳優が TikTok で再ブレーク

「済公爷爷」は、50歳のときにテレビで演じた役が大ヒットした後に表舞台から姿を消していた俳優です。その後も俳優として活動をしてきた彼は、80歳になったときに新たに劇団を作ることを思い立ちます。周囲の人に「クレイジーだ」と言われながらも、劇団を作るため、家を売るなどお金の工面に奔走したそうです。そして86歳で始めた Douyin が、570万人のフォロワーを獲得する大ヒットになります。

「ワーワーメン」（中国語で「おーい、孫たちよ」）といった、みんなに元気を与えるポジティブな語り口が、若者たちの支持を得ました。

アカウント開始から半年で、わずか20数個のコンテンツしかアップしていないのに500万人もフォロワーがいるのは驚くべきことです。Douyin（TikTok）上では、ユニークネスさえ突出していれば人気を獲得できる好例といえます。

費启鸣（Fei Qi Ming）：王道系のイケメン仮想彼氏

　最後に紹介する「費启鸣」はまだ21歳の大学生で、王道系の可愛いイケメンです。このジャンルはレッドオーシャンで多くのプレイヤーが存在するため、差別化するための工夫が求められます。

　彼は「あなたがいなかったら、僕は今日ずっと1人だったよ」とか「今日は楽しい？」と徹底的に仮想的な彼氏になりきったコンテンツを上げ続けています。ただ単純にカッコイイ、可愛いだけではなく、1つ1つのコンテンツの背後に考え抜かれたクリエイティビティを垣間見ることができます。美顔アプリを活用するなど、あざとさを極めた彼氏系のインフルエンサーとして、フォロワーは1958万人にのぼります（2019年2月時点）。

インフルエンサーに求められる圧倒的な「ポジショニング」

　こうした中国を代表するインフルエンサー（KOL）たちからは、2つのポイントが学べると思います。

　1つは、繰り返しになりますが、インフルエンサーがインフルエンサーたる所以は「**ポジショニング**」と「**ユニークネス**」だということです。そして2つ目のポイントは、**複数のプラットフォームを横断的に活用**すること。たとえば、中国では Douyin、Weibo、WeChat を、日本では TikTok、Instagram、Twitter を併用することになります。

　ただし、日本で有名な HIKAKIN さんの場合は YouTube 一本という印象が強いように、使用しているプラットフォームの数がインフルエンサーとしての人気を担保するわけではないことにも留意してください。インフルエンサーとしての厚みに寄与するのはあくまでも発想のユニークさや、ポジションの独自性です。たとえ使うプラットフォームが1つだけだとしても、その1本をどれだけ尖らせ、太らせ、光らせるのかが重要になります。

　たとえば中国でも、EC を軸に置くインフルエンサーであれば、ライブ配信しかしない人も珍しくありません。それでも圧倒的な数の商品を直販できていれば、無理に他のサービスに横断的に手を出す必要がないのです。

　ちなみに中国では、インフルエンサー（KOL）は、インフルエンサー単体ではなく、表に出る1人と彼・彼女を支えるクリエイティブのチームであることがほとんどです。インフルエンサーが1人で活動している場合もありますが、多くのフォロワーを率いるアカウントになればなるほど、末那大叔のように背後にお抱えの組織を持っている確率が高いのです。

　レッドオーシャンを極める中国のインフルエンサー業界では、カッ

コイイ、可愛いだけで生き残ることはほぼ不可能です。最初に紹介したワイン系インフルエンサー・酔鵝娘のように、可愛さは前提のもと、経営センスやクリエイティビティによる工夫も高いレベルで求められるのです。

インフルエンサーをめぐる日本と中国の違い

なぜ日本ではインフルエンサー・マーケティングが普及していないのか？

　中国におけるインフルエンサー業界の成熟度に驚かれた方も多いと思います。その理由は、ショートムービーの普及以外にも、もう1つあります。

　それは、日本の芸能界のような業界構造が、中国にはないことです。日本では、芸能人は基本的にどこかの事務所に所属しており、肖像権は事務所が握っています。くわえて、テレビをはじめとした広告枠は大手広告代理店が押さえている。それもあり、たとえば新しい飲料のマーケティングを考える際にも、メーカーはまず代理店に相談します。そして、広告でタレントをキャスティングする際には、当該の事務所の意向に沿ったやり方で進める必要があります。

　こうした構造もあり、日本ではそれぞれのタレントの立場は弱く、限定されてしまっています。TwitterなどのSNSでアカウントを作ることはできても、事務所の意向を確認することなく、勝手に商品を宣伝したり、ましてや売ったりすることは許されないでしょう。

中国では曖昧なインフルエンサーと芸能人の境目

　一方、中国では肖像権をはじめとしたあらゆる権限を、タレント個

人が自分で保有・管理しています。そのため自分の裁量で自由にライブ配信をしたり、自ら広告を打ったりすることもできます。

　つまり、中国ではインフルエンサーと芸能人の境目がとても曖昧なのです。芸能人もインフルエンサーのように活動しますし、インフルエンサーも頑張れば芸能人に引けを取らないくらい活躍できる土壌がある、ということです。

　ちなみにもう1つ、この点について補足をすると、中国では一流のインフルエンサーは大衆にとても尊敬されており、社会的立場も高くなっています。日本のHIKAKINさんも子どもたちから絶大な支持を集めていますが、中国でははるかに多くのインフルエンサーが、そこら辺の芸能人よりも圧倒的な額を稼いでいるのです。そして、インフルエンサーから女優に転身したりと芸能界入りする人も多く、垣根が曖昧になっています。

　こうした環境の違いは「**なぜ日本ではライブ配信が流行しないのか？　ショートムービーの盛り上がりが薄いのか？**」という疑問への、1つの回答にもつながります。

　それは、デジタル業界に著名人が入ってくるスピード、そしてお金の量が、圧倒的に中国に比べて少ないからです。
　中国では事務所や広告会社がタレント個々人に及ぼす拘束力が弱いため、著名人が次々と自己判断で、プラットフォームに参入してきます。インフルエンサーがプラットフォームに参入する度にユーザー数も増加するため、プラットフォームも育つ好循環が回っていきます。
　あらゆるプラットフォームでそうした循環が回転することで、総体としてのインフルエンサー経済圏が興隆したのです。

　以上から、日本においてインフルエンサー・マーケティングが普及する鍵の1つは、**タレントや芸能人をめぐる業界構造**にあるといえるでしょう。

　しかしその変革が起きるのは、昨今の人気芸能人・グループの動向をみるに、決して遠い未来ではないと思えるのです。

TikTokの「EC」と「ライブ配信」機能の解禁が、ターニングポイントに？

　ここまで述べたように、中国ではDouyinをはじめとしたテレビ以外の動画配信サービスから、次から次へとインフルエンサーが誕生しています。そうしたインフルエンサーは芸能人にも引けを取らない人気があり、若者への影響力は絶大です。それに応じて、広告予算もマスメディアからインフルエンサーに移りつつあります。

　今後、テレビの人気タレントがTikTokに参入するのではなく、TikTok発のスターが誕生していくことで、日本も中国と同じ道をたどることになるでしょう。芸能人とインフルエンサーの影響力が逆転したとき、既存の業界のビジネス構造は確実に転換を迫られることになります。

　現状、テレビ発のタレントの影響力が大きい日本ですが、どこで芸能人とインフルエンサーの影響力の転換が起こるでしょうか？

　そのターニングポイントは、Douyinに実装されている「EC」と「ライブ配信」機能が、日本でも解禁されたタイミングになるのではないかと予想しています。インフルエンサーがこの2つの機能をうまく活用し、無視できない規模の経済活動がおこなわれるようになれば、

間違いなく業界は変化していくはずです。

インフルエンサー・マーケティングが浸透すると起きること

　一方、インフルエンサー・マーケティング——すなわちインフルエンサーを起点とした商流——が社会のなかで確固たるものになるほど、旧来型のマス・マーケティングへの「ゆり戻し」もどこかで生じると予想しています。

　影響力のあるインフルエンサーのギャランティは次第に高騰していくため、結局は資本力のある企業しかインフルエンサーを活用できなくなってしまうからです。

　そうなると、プラットフォームへより多くのお金を投じることのできる企業が有利であった、1 つ前の時代へ戻ることになってしまうでしょう。

　インフルエンサー・マーケティングが中国ほど成熟していない日本では、こうした「先の先」の状態は少々想像しにくいかもしれません。「企業からもらう広告費よりも、自分の世界観やファンを大切にするインフルエンサー」は一定数残るのではないか、と思う方もいらっしゃるでしょう。

　しかし、中国と日本の状況が異なる理由は、端的にいって、「お金で動くメリットよりも、お金で動かないメリットのほうが高いから」とも言えます。つまり、企業からインフルエンサーに支払われる広告費の桁が、日本と中国では圧倒的に異なるのです。

　お金で動かないイメージの芸能人が少数ながら存在するように、お金で動かないインフルエンサーも残り続けるのでしょうが、広告費の

水準が上がっていくことで、確実にその数は減少していくでしょう。

日本のインフルエンサー・マーケティング市場は1000億円規模に

　現実として、日本でも近年、企業がYouTuberを活用したPR案件が激増しており、アプリや子供向けのおもちゃ、家電やコスメなどを提供するメーカーが出稿するケースが目立っています。また、2019年に入ってからは、若年層へのリーチを図るサービスやプロダクトを提供する企業がInstagramへ広告予算を積極的に投下し始めています。

　図表25のように、2018年のインフルエンサー・マーケティング市場は219億円と推定され（チャネル別の内訳はYouTubeが39％、Instagramが27％）、2023年には500億円、2028年には933億円にまで伸長すると予測されています[6]。

　スマートフォンアプリの利用者数をみても、Instagramは2017年から39％増加しており、日本全体で使用されるアプリ利用者数のランキングTOP10にランクインしました（図表26）[7]。

　FacebookはInstagram個別の売上推移は発表していませんが、同社の広告収益が堅調に伸びていることからも、Instagramが売上の一端を担っていることは間違いないでしょう。

　Instagramを使い続けてきたわたしの肌感覚としても、以前までは化粧品関係の広告がほとんどだったにもかかわらず、最近では幅広

6　出所：インフルエンサー・マーケティングの市場規模、2018年は219億円と推定、2028年には933億円に
　　https://digitalinfact.com/release190328/

7　出所：TOPS OF 2018: DIGITAL IN JAPAN ～ニールセン2018年 日本のインターネットサービス利用者数ランキングを発表～
　　https://www.netratings.co.jp/news_release/2018/12/Newsrelease20181225.html

図表25　インフルエンサー・マーケティングの市場規模予測

年	YouTube	Instagram	Twitter/ブログ	その他	合計
2017年	63	40	55	17	17.5
2018年	85	59	50	25	219
2019年	110	75	51	31	267
2020年	138	93	51	45	327
2021年	165	108	52	65	390
2022年	194	122	52	80	448
2023年	227	135	53	95	509
2024年					590
2025年					674
2026年					757
2027年					843
2028年					933

（億円）

凡例: ■ YouTube　■ Instagram　■ Twitter/ブログ　□ その他

出所：デジタルインファクト

い業界が参入し、広告のバリエーションが増えた印象を持っています。

　SNSマーケティングへの広告出稿が増えたことで、YouTuber や Instagramer などのインフルエンサーが稼げる素地が整ってきました。状況は徐々に変化しつつあります。これまではアーリー・アダプターに向けた施策として、お試し程度に用いられてきたインフルエンサー・マーケティングが、日本でも広告出稿の基本メニューの1つとして確立されつつあるのです。

図表26　日本におけるスマホアプリの月間利用者数（2018年）

ランク	サービス名	平均月間利用者数	対昨年増加率
1	Google	6,561万人	8%
2	Yahoo Japan	6,033万人	7%
3	LINE	5,816万人	11%
4	YouTube	5,330万人	14%
5	Facebook	4,617万人	18%
6	Rakuten	4,561万人	4%
7	Amazon	3,910万人	11%
8	Twitter	3,908万人	11%
9	Instagram	3,102万人	39%
10	Ameba	2,566万人	0%

※Brandレベルを使用
※2018年1月から10月までのデータ：平均月間利用者数

出所：Nielsen Mobile NetView ブラウザとアプリからの利用（18歳以上の男女）

「TikTok化」するYouTubeとInstagram

台頭する「ルーティン系」動画と、「ストーリーズ」機能

　YouTubeやInstagramを舞台に、日本でもインフルエンサー・マーケティングが盛り上がり始めた一方で、YouTubeやInstagramにおけるトレンドも変化の兆しをみせていることは押さえておきましょう。

　世界的なショートムービーの流行や、インフルエンサー・マーケティングへの注目の高まりとともに、両者のコンテンツの「TikTok化」が進んでいるのです。

　まずはYouTubeから。現在、YouTubeで流行しているコンテンツ・カテゴリーに「ルーティン系」というジャンルの動画があります。

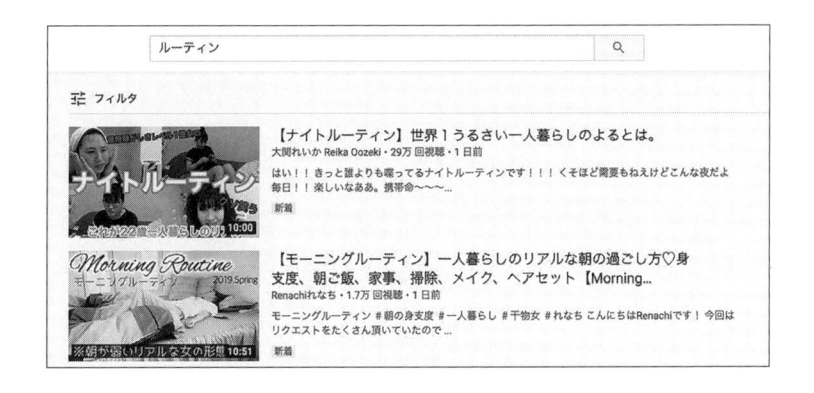

　試しにYouTube上で、「ルーティン」で検索してみてください。すると、「早起き」「一人暮らし」「休日」などルーティンにまつわるさまざまな動画がアップされています。いずれのルーティン動画も、作り込まれていないYouTuberの素顔が垣間見える点が人気の共通項です。背景には、自分の好きなYouTuberの日常を、ボーッと何も考えずにサッとみたいという、癒し系コンテンツに対するニーズがあると言えるでしょう。

　これは、第1章で紹介した中国の動向とも一致しており、ネットユーザーの本質的な好みの変化を表す、興味深い動きです。

　つづいてInstagram。2018年に新機能として実装された「ストーリーズ」（24時間で自動消滅する15秒程度の動画や写真）が人気を博しています。今では、Instagramの本来の目的である写真の投稿以上に使われるようになってきました。ストーリーズがメインで使われるようになったことで、ユーザーの写真投稿数は減少している印象です。旧

来の投稿機能にしても、写真ではなく動画をアップするのが一般的になりつつあります。

　整理すると、写真投稿プラットフォームとしての地位を確立していたInstagramが、Snapchatを模した、短尺で自動消失する機能がメインのプラットフォームとして変容しつつあるのです。

　従来、YouTuberのコンテンツは「飛び抜けて面白いことをやる」、あるいは「便利でためになるハウツー」といったニーズが大部分を占めていました。またInstagramであれば、「映え」が投稿コンテンツの最大の評価ポイントでした。すなわち、両者ともに供給側（クリエイター）にとってはコンテンツの生産コストが高いプラットフォームだったのです。

　そうした"作り込んだ"コンテンツよりも、先ほど説明した「ルーティン系」に代表されるライトで手軽な、ある意味で「適当な」コンテンツがYouTubeで受容されつつあること。そしてInstagramでストーリーズがメイン機能として使われるようになったこと。これらは、YouTubeとInstagramが、TikTokをはじめとするショートムービーのサービスに近づいていることを示しているのではないでしょうか。

日本のインフルエンサーたちの動向

UUUM（ウーム）がYouTuberの音楽活動に注力するワケ

　コンテンツの「TikTok化」について、もう一度きちんと考えてみましょう。

　手軽なコンテンツがウケる潮流の行き着く先に、「ショートムービ

ー」や「ライブ配信」があります。両者共通の特徴は、コンテンツの
生産コストが安いこと。YouTubeや他の動画サービスに比べ、ショ
ートムービーは編集に要するコスト（時間・手間・お金）が格段に低く
すみます。ライブ配信に至っては、編集のコストすらありません。

　こうしたトレンドの傾向を完璧に押さえているのが、TikTokに他
なりません。日本では未実装ですが、Douyinには「ライブ配信」機
能がすでに実装されており、多くのユーザーが活発に使用しています。

　それでは、日本のYouTuberやInstagramerは、こうした「Tik-
Tok化」の方向性に、どう適応していくべきでしょうか。YouTuber
プロダクション大手の「UUUM（ウーム）」の動きをみてみましょう。
　最近、同社が注力しているのがYouTuberの音楽活動への進出です。

　通常、YouTuberには多くのファンがついているので、楽曲配信や
ライブとも親和性が高いことはよくわかります。また、現時点の実情
として、イベントやオフ会で手持ち無沙汰になってしまいがちなとこ

今 / ヒカキン＆セイキン
SeikinTV・2139万 回視聴・6か月前
#HIKAKIN #SEIKIN #今 今 / HIKAKIN & SEIKIN 監修：HIKAKIN 作詞作曲：
SEIKIN 編曲：TeddyLoid ◆MV Director：ZUMI Producer：Sakura ...
字幕

YouTubeテーマソング／ヒカキン＆セイキン
HikakinTV ✅ 8461万 回視聴・3 年前
- 曲のダウンロードはこちら」◆iTunes
https://itunes.apple.com/jp/album/youtubetemasongu-ep/id1029707577?
字幕

雑草 / ヒカキン＆セイキン
SeikinTV・3475万 回視聴・1 年前
曲のダウンロードはこちら」◆iTunes
https://itunes.apple.com/jp/album/id1297144234?app=itunes ◆レコチョク
字幕

ろに、歌や踊りがあるだけで場がもって助かる、という現場の声もあるようです（笑）。

　そしてもう1つ、UUUMが音楽へ注力する大きな理由があります。現在、UUUMの売上の半分を占めているのがGoogle AdSense（グーグルアドセンス）[8]からの収益です。つまり、利益の大半をYouTube、ひいてはGoogleに依存した構造になっています。こういったプラットフォームのご機嫌次第の状態は、一刻も早く抜け出したいはずです。
　UUUMはその点に危機感をもち、ビジネスモデルの転換を図ろうとしているのでしょう。プラットフォーム依存を脱却し、クリエイター・マネジメントを強化する一歩目の施策として音楽に活路を見出しているものと思われます。

「ライブ配信」解禁が、インフルエンサーのTikTok参入の起爆剤に

　日本のYouTuberやプロダクションの新たな動きとして指摘されるのが、TikTokをはじめとした他のプラットフォームに活動の幅を広げていることです。実際、HIKAKINさんを含む複数の有名YouTuberはTikTokでもアカウントを開設し、動画を投稿しています。
　とはいえ、一般的にはまだ多くのインフルエンサーがTikTokに大挙して流れ込んでいるイメージはないでしょう。答えはシンプルで、日本のTikTokにはまだお金を稼げる匂いがしないからです。
　中国の場合、最初期のDouyinの認知を高め、人気に火をつけたのはWeiboやWeChatをはじめとした既存のプラットフォームからの流入でした。一方、日本の場合は既存プラットフォームからTikTokへの流入は決して多くありません。

8　Googleの提供しているコンテンツ連動型広告配信サービスです。コンテンツ向けAdSense、検索向けAdSense、動画向けAdSense、ゲーム向けAdSenseという4つの種類があります。

　仮に他のプラットフォームからユーザーを流し込んだとしても、Instagram などの人気プラットフォームと比較すると、まだまだ規模が小さい。こうした実情もあり、インフルエンサーとしてはまだ TikTok に参入するインセンティブが少ないのです。

　それでは、いつ日本で TikTok はブレークスルーを起こすのか。わたしは、そのきっかけを作るのが、やはり「ライブ配信」機能だと考えています。日本ではすでに、投げ銭機能を実装したライブ配信アプリとして「17 Live（イチナナ）」や「SHOWROOM（ショールーム）」が存在します。この一角に TikTok も加わることで、一気に大きな変化が起こるのではないかと予想しています。

　本書執筆時点では、いつライブ配信機能が実装されるかは不明ですが、2019 年中に実装される可能性もあります。

　逆に、「どうして日本の TikTok にはまだライブ配信機能が実装されていないのか？」と疑問に思う読者の方がいるかもしれません。その理由は単純で、お金の匂いが強すぎると、偏ったジャンル（ゲーム配信、美容、歌など）でコンテンツが占められてしまうからです。

　長期的な目線で成熟したプラットフォームに育て上げるために、多種多様なジャンルのコンテンツを持って、幅広い年代層・属性のユーザーを惹きつけなければいけません。

　一方で、稼げる仕組みがなければ、コンテンツの生産者であるインフルエンサーも、そのプラットフォームに注力することができないというのもまた事実なのです。よって、インフルエンサーに稼がせる意味でも、プラットフォームとしてマネタイズを強化する面でも、いずれはライブ配信機能の実装が不可避となるでしょう。

　それでもプラットフォームとしての長期的なブランディングや価値を最大化するためには、多様なジャンルからユーザーやコンテンツを集めなくてはなりません。だからこそ、その土壌がまだ十分に整備されていない段階で、性急にライブ配信機能を実装できないのです。技術的にはいつでもアップデートは可能なはずですが、虎視眈々とそのタイミングを見計らっているのが現状であるといえるでしょう。

Douyinでおこなわれた
インフルエンサー・マーケティング以外の企画事例

　ここまで、「動画革命」後に重要となるインフルエンサー（KOL）・マーケティングを中心に解説してきました。本章の最後に、参考として、Douyinでおこなわれたそれ以外の企画事例も紹介しましょう。

中国での最大の成功事例：梅のお菓子でのキャンペーン

　中国で、Douyinをマーケティングに活用した一番の成功事例とされているのが、梅のお菓子メーカーのキャンペーンです。

　施策の1つは、有名な女優を起用したハッシュタグチャレンジでした。チャレンジの内容は「酸っぱいもの」選手権で、食べ物の酸っぱさや失恋の酸っぱさなど、自由にユーザーが「酸っぱさ」を競うというものです。

　中国では「6」がネットスラングのように使われており、日本でいう「いいね！」やクールといった意味合いがあります。それにかけて、チャレンジでは6位になったユーザーに6年分の梅をプレゼントするキャンペーンをオンラインでおこないました。

　一方、オンラインでは300の都市の300店舗にブースを設置。そこで撮影したコンテンツをDouyinに投稿した人に割引をするキャンペーンを実施しました。このようにオンラインとオフラインで同時にキャンペーンを実施したことで、この期間の売上が30％アップ。オンラインの売上も1億6000万円を突破し、大成功事例となりました。

日本でも再現できる「飲食店とのコラボ」

　Douyinと相性が良いジャンルとして、ぜひ紹介したいのが「飲食店とのコラボ」です。中国では実際にDouyinを活用したことで売上が上がった飲食店の事例があります。たとえば、火鍋屋さんの「海底撈」です。

　中国の火鍋屋ではお客が自分で好みのタレを作ります。なのでもともと、「これがわたしの一押しのタレの作り方」とDouyinに動画が投稿され、それをみた別のユーザーが「試してみたい」とお店に行ってみる、ということがよくありました。お客さんにとってなんらかのDIY要素があることが、Douyinとの相性の良さを高めていたのです。

　そこで、チェーン店の「海底撈」では各店舗の従業員がDouyin用のメニューを考案することにしました。そして店主が従業員に「海底撈のスタッフオススメの食べ方はこれ」などとDouyinへ投稿することを促すことでマーケティングを推進し、大成功をおさめます。ほとんどコストをかけることなく、オンライン／オフラインを統合した優れた施策です。

9　参考：海底撈〝抖音吃法〟爆红背后：是零成本病毒式传播！
　　https://baijiahao.baidu.com/s?id＝1595336614067548376&wfr＝spider&for＝pc

　また、タピオカ屋さんの「CoCo」では、お客さんが「キャラメルミルクティー＋大麦＋プリン＋少ない氷＋無糖」など、自由に飲み物をカスタマイズすることができます。それを Douyin でみた他のお客さんがスムーズに同じオーダーをしやすいよう、CoCo は Douyin で投稿された組み合わせを、メニューに取り入れる取り組みをおこないました。

　同様の例として、スターバックスにはトッピングの組み合わせによる隠れメニューが無数に存在します。Douyin 上に上がった隠れメニュー動画をみて、同じものを試すユーザーが急増したのです。先ほど

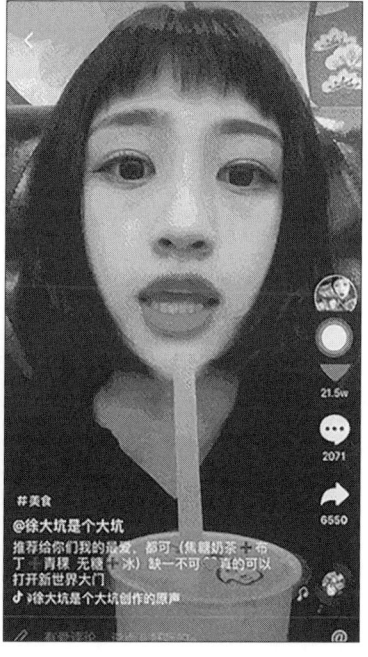

の火鍋屋の事例と同じように、メニューの個性化と、それをコンテンツ化することによってバイラルを起こすマーケティング手法が目立っています。

　ここまで紹介した事例は、バイトダンス自体が関わっているわけではありません。あくまでも店舗側がうまくDouyinを活用して、マーケティングを成功させたのです。DIY要素のある飲食店ではどれも再現性の高い施策ばかりなので、日本でも実行できるのではないかと思います。

ショートムービーとの相性が抜群な「旅行コンテンツ」

　飲食と同様に、Douyinと相性の良い領域が「旅行コンテンツ」です。Instagramでも観光地の写真がアップロードされることが多いですが、他のユーザーとしては、自分の肉眼でも同じ光景を本当にみられるかどうかは、いまひとつ確信を持てません。なぜなら、コンテンツのほとんどが静止画だからです。

　一方、Douyinであれば、静止画では伝わりきらなかった観光地の魅力をリアルに伝えることができます。

　実際にDouyinでは、「他のユーザーが投稿しているのをみて、自分も実際に足を運んだ」とのコメントをよくみることがあります。動画を通じて「ここに行けば、これをみられる」と直感的に思えるからこそ、実際に旅行するモチベーションが喚起されるのです。

　また、Douyinの各動画には位置情報が組み込まれているため、

Twitterのモーメント[10]のような形で過去に他の人が行ったときのアドバイスを記事で読むこともできます。

　2018年4月、バイトダンスは「Douyin」「TikTok」「Musical.ly」すべてのプラットフォームにおいて、世界に向けて西安の文化・観光のPRを西安市と共同でおこなうことを発表しました[11]。

　公式提携を始める前の同年3月の時点で、西安をテーマにした動画が61万本投稿されており、総再生数36億回、1億いいねがついてい

10　モーメントとは、Twitterで今話題になっている注目のツイートをまとめたものです。モーメントでは人気や関連性の高い最新トピックがまとめて表示されるため、「いま」起きていることを簡単に知ることができます。
　　https://help.twitter.com/ja/using-twitter/twitter-moments
11　参考：抖音联手西安的两个关键词：〝一个是社会责任，一个是出海〟
　　http://baijiahao.baidu.com/s?id = 1598234183248239694&wfr = spider&for = pc
　　参考：抖音捧红了西安，〝四个一计划〟助力西安走向世界
　　http://baijiahao.baidu.com/s?id = 1598534977110681531&wfr = spider&for = pc
　　参考：抖音联合西安，推出〝四个一计划〟让短视频成城市文化新窗口
　　http://baijiahao.baidu.com/s?id = 1598160709736260968&wfr = spider&for = pc

ました。なかでも、『西安人的歌』は18億回以上再生されています。こうした動画の反響もあってか、中国の大型休暇である清明祭には380.49万人（同期比＋38.76％）が訪れ、総収入は14.82億元を記録しました（前年同期比＋49.28％）。こうした効果を受けて、観光促進におけるDouyinの宣伝効果に目をつけた西安市がバイトダンスに協業を提案する運びとなったのです。

提携の結果、西安の都市をテーマとしたハッシュタグチャレンジが作られ、風景・美食・地酒などのテーマの動画が投稿されました。

Douyinでは旅行会社と提携し、コンテンツ経由でそのまま簡単に旅行の予約ができる機能も実装されています。観光プロモーションとの相性の良さもあり、バイトダンスは今後も地方自治体との提携に力を入れていく姿勢を示しています。

なお、「旅行コンテンツ」と隣接するものとして、バイトダンスが、中国の7つの美術館と共同でおこなったイベントもご紹介しておきましょう。

DouyinにはVRのように動画を撮影できる機能があります。この機能を使ったハッシュタグチャレンジを開催することで、普段は美術館に足を運ぶことが少ない若年層を取り込むことを意図しておこなわれました。

こうした従来のショートムービーのイメージからはなれた企画は、Douyinのプラットフォームに多様性をもたらすことができるので、バイトダンスとしても魅力的です。今後、同様の企画は増えていく一方でしょう。

オンラインとオフラインの「掛け合わせ」がポイントに

　ここまで説明した中国の事例や、第2章で取り上げた日本のTik-Tok上でのキャンペーンを振り返ると、マーケティングにとっていま何が重要なのかが浮かび上がってきます。それは、繰り返しになりますが、「オンラインとオフラインをうまく掛け合わせる」ことです。

　この点でも、わたしとしては中国のほうが日本よりも一歩進んでいるように感じています。

　その理由として、「中国ではリアルな店舗のショールーム化」が進んでいることがあります。中国では、実店舗はあくまで客を惹き寄せるためのものであり、実際の購買はオンラインでおこなう流れが当たり前になりつつあるのです。
　このようにオンラインが大前提だと、否が応でもオンラインとオフラインの「掛け合わせ」を進めざるを得ません。

　しかし日本のように、実店舗こそが販売の主役であり、オンラインは副次的とされていると、オンラインとオフラインの「掛け合わせ」は一気に難しくなるのです。これは、多くの店舗がECの普及前から存在していた日本ならではの事情ですが、マーケティングの観点からは、構造的に解決すべき課題といえるでしょう。

コラム5
中国企業は"コピーキャットから凶暴な虎"になれたか?

"3年間"での大躍進

2013年に発売された『シリコンバレーの歴史(A History of Silicon Valley)』(未邦訳)という有名な本があります。2015年、著者のPiero Scaruffi氏は「中国は第2のシリコンバレーになりますか?」との質問に、「いや、そうはならない。たしかに中国は真似が最高にうまい。真似によって中国市場で成功はしても、シリコンバレーを超えることはできない」と答えました[1]。

つまり、イノベーションの観点でシリコンバレーと中国の間には大きな溝があるとコメントしました。「どれくらい溝が深いのか? またその差はいかに埋められるか?」との問いに対しては、「中国人は短気で、すぐに効果を得ることを期待する。革新的な文化や精神は2~3日で普及するものじゃない。中国がシリコンバレーのように進化するためには1~2世代はかかる」と話しました。

このインタビューがおこなわれた2015年当時の世界の企業の時価総額ランキングをみてみると、たしかに上位を米国企業が占めていることがわかります。6位に入っていた「中国石油天然気(PetroChina)」は石油会社で、9位の「中国工商銀行(ICBC)」は銀行なので、いずれもイノベーティブとは言い難い、資本力の大きさで勝負している企業です。こうした当時の実情からも、Piero氏の主張はもっともでした。

しかし、それから3年後の同じランキングをみてみると、アメリカの企業で残っているのはGAFAをはじめとしたイノベーティブな企業たち。加えて、中国のIT企業が安定的にランキングに食い込むようになります。2018年の12月には、アリババが6位と躍進し、7位のFacebookを超えました。

先ほどのPiero氏の「(シリコンバレーに追いつくまでに)1~2世代はかかる」

1 参考:中国是最好的硅谷模仿者
http://news.ifeng.com/opinion/gaojian/special/palzgszhdggmfz/

との発言に戻ると、実際にはたった3年で両者の差が大きく縮まったということになります。中国の企業は、"コピーキャットから凶暴な虎"へと進化を遂げたのです。

本当に"虎"になったのか?

　ただ、こうしたデータに、「あくまでも株式市場の話であり、世界中の一般の人々の生活や価値観に影響を与える意味でのイノベーションは起こせていないのではないか」との指摘もあるでしょう。

　たとえば、シリコンバレーに住んでいるわたしの友人の日本人起業家はメッセンジャーにWeChatを使っているそうです。ただ彼がいうには、「地域に中国人が多いから彼らに合わせて使っているだけで、WeChatの魅力に惹かれているわけではない」とのこと。

　実際のところ、北米では生活のほとんどが北米で生まれたサービスのエコシステムで完結していますし、一部の中国系サービスについては必要に迫られて使われているのが実態でしょう。ECを展開するアリババの売上の海外比率は2割以下、ゲーム事業とメッセンジャーを中心としたプラットフォーム事業を主軸とするテンセントに至ってはほぼ国内売上のみと、規模感こそあれど、まだまだ中国大陸以外の地域では成功したということはできません。

中国企業をリードするTikTok

　中国を引っ張るBATさえも海外市場には未だ食い込めていないなか、世界で存在感を発揮しているのがTikTokに他なりません。2018年11月には、2位のYouTube、3位のInstagram、4位のAmazonを引き離し、全米で月間ダウンロード数No.1に輝いたことは、すでにお話ししたとおりです。

　2016年6月にリリースされたDouyin（中国）はMAU5億人（2019年6月時点）、2017年8月にリリースされたTikTok（グローバル）はMAU5億人（2018年11月時点）と、短期間で爆発的にユーザーを獲得しています。TikTokの前身であるMusical.lyが2014年に立ち上がったことを勘案しても、ものすごいスピードです。

　こうした経緯があり、TikTokは「アジア発アプリとして、米国で長期的成

功を収める最初のインターネットサービスになるかもしれない」と注目を浴びているのです。

　TikTokや前回のコラムで紹介したLuckin Coffeeの急成長をみると、Piero氏のもう1つの指摘、「中国人は短気で、すぐに効果を得ることを期待する」は正しいことがわかります。

　事実、中国は目まぐるしいスピードで進化しており、その裏側には生き馬の目を抜く競争の中で成長・変化するスタートアップ市場が存在します。次なるTikTokがそこから誕生するのも、そう遠くない未来かもしれません。

おわりに

わたしがTikTok（Douyin）に感動したわけ

　みなさんは、小さいころ、どんな夢を抱いていましたか？

　わたしは、物心がついた頃から大のテレビっ子で、歌手やモデル、女優さんなど、「世界に向けて自分自身を表現する」生き方に憧れていました。

　6歳の頃、一言も日本語が話せないまま両親に連れられて、中国から東京に引っ越しをしたとき、「言いたいことを伝えられない苦しみ」を切実に味わったために、その憧れはことさら強くなったのだと思います。

　学芸会では必ず主役に手を挙げ、合唱コンクールを毎年指折り楽しみに待っている、そんな子供時代を過ごしました。いつかは、もっと大きな舞台に立ちたい。もっともっと多くの人に、自分を知ってもらいたい。そのためには芸能界入りして、TVに出るしかないんだと、心に小さな炎を灯しながら、モーニング娘。やavex社のオーディションに応募する毎日を送っていました。

　しかし高校生になったある日、突然、ふっと悟ったのです。日本で「かわいい」とされるのは、目が大きくて肌が白い、そんなお人形さんのような顔立ちの女性だということ。それなのに、わたしは地黒で目が細長く、いわゆる東洋人らしい容貌でした。これでは大衆受けしないよなぁ……と、17歳の夏、泣く泣く夢を諦めたのです。

　大学生になると、はじめてのアルバイト代で、PCとスマホを購入しました。TVとは違って、PCの画面の中には、YouTube、Facebook、そしてInstagramといったSNSがあって、そこにはTVでみ

るよりもずっと広大で、面白い世界が広がっていました。

　これからの時代は、地上波だけではなくインターネットを通じて、世界に自己表現ができるようになるのか！　そう気づいて、一瞬心は躍ったものの、よくよく考えてみれば、自分にはInstagramerのような映える容姿もなければ、YouTuberのような突拍子もない企画力、あるいは10分間話し続けるトーク力もありません。結局、Instagramも YouTube も特別な才能がなければ立てない舞台なのだと、わたしは再び心に蓋をしたのです。

　時は過ぎて、社会人になってから7回目の夏が過ぎた2018年8月。わたしは上海交通大学のMBAに通うために、20年ぶりに生まれ故郷である中国に戻りました。

　そこで、同級生の30代女性に「流行っているから」と勧められたDouyinをダウンロードしたときの驚きは今でも忘れられません。スマホの画面の中には、かわいい若い女の子やイケメンな男性だけではなく、50代の大学教授や田舎に住む農家のおばあちゃん、屋台のお兄ちゃんなど、多種多様な人々が、自分のリアルな生活を映し出していたのです。

　そこにあったのは、今までわたしがみてきたTVの画面、PCの画面の中とは、全く異なる世界でした。

　さらに、街中でもよくよく観察してみると、道路でも電車の中でも、老若男女みなが Douyin を触っています。そして、Douyin の中でみつけた50代の大学教授にも、農家のおばあちゃんにも、数十万、数百万ものフォロワーがついていました。外見や単一的な価値観では測れない指標で、彼ら彼女らは生き生きと自分らしく活躍していたのです。

　そして、街の至る所に高速Wi-Fiが設置され、通信料も安い中国では、一足早く「動画の時代」が訪れており、「14億人が総ユーザーであり、総クリエイターでもある」という世界観が形成されていたのでした。

　10分間のスピーチができなくても、1分間ならば、誰にだって語れることがある。15秒という尺の中であれば、観客をあっと驚かせたり、クスッと笑わせたり、ホッと胸をなでおろすような小さな感動を創り出すことができる。なんなら、自分のなんてことない平凡な日常からだって、15秒であれば、他の街に住む人々に面白がってもらえる場面を切り出すことができる。

　15秒〜1分間というショートムービー専門のDouyinだからこそ、幼いころのわたしが夢にまで願った「どんな人でも、世界に向けて、自己表現できる場所」になり得るのだと、心から感動したのでした。

"未来の国"中国と日本をつなぐ架け橋として

　もう1つ、20年ぶりに上海に住んで驚いたこととして、日本ではみたことのない光景に多く出くわしたことが挙げられます。

　顔認証によって手ぶらで決済できる自販機、火鍋屋で忙しく動き回っている配膳ロボット、スマホ1台でどこでも借りられる電動バイク、いつでもどこでも呼べるフードデリバリー。そして、何よりも、Douyinをはじめとする多種多様なSNS。

　経済成長とともに爆速で進化している中国社会では、考えつく範囲、かつ技術的に実現できる範囲で、ありとあらゆる商品・サービスが展

開されていたのです。

　もちろん、華やかな一面だけではなく、成功するものもあれば、失敗して早々に撤退したサービスもあります。それでも、14億もの欲深き人々がひしめく中国社会では、壮大なる社会実験が日夜繰り返されているのです。

　そんな中国の様子をみて、わたしは、あることを確信したのです。

　「中国発のさまざまなサービスをみれば、タイムマシーンのように日本の未来のヒントを先取りすることができる」
　「そうした情報を伝えることは、必ず日中間のためにもなる」
　さらに、「これこそ、わたしにしかできない仕事だ」と。

　もちろん、中国と日本では、文化的・社会的な背景が異なる部分が多々あり、一直線に同じ道を辿るわけではありません。逆に言えば、そういった中国と日本の差異を認識して、差し引くことができれば、かなりいい線で日本のこれからを予測することができるはずです。

　そういったきっかけもあって、わたしはさまざまな事例を日本に紹介したいと、中国現地からみたトレンドや流行の情報を集めた、「中国トレンド情報局」というオンラインサロンを立ち上げました。そこでは、Douyinをはじめとする中国で流行っているアプリ、技術、現地からの情報を週2、3回発信しています。

　そうした思いと活動、日々の生活から得た知見、そしてTikTok（Douyin）への愛情のすべてを詰め込んだのが、本書です。

　日本のTikTokはまだ事業展開の年数が浅いこともあり、中国の
Douyinと比べると、コンテンツやクリエイターのジャンルが発展途
中であることは否めないでしょう。一方で、TikTokがすでに世界中
で愛されているプラットフォームであること、さらに中国で広く深く
刺さっている現状を鑑みると、いずれ近い将来、日本のTikTokも
Douyinのような世界観を持ったプラットフォームに近づくはずだと
確信しています。

　TikTokを通じて、世界への、そして未来への扉を開く。この本が、
みなさんにとって、そんなきっかけになれたら幸いです。

[著者]

黄未来（こう・みく）

1989年中国・西安市生まれ。6歳で来日。南方商人である父方、教育家系である母方より、華僑的ビジネス及び華僑的教育の哲学を引き継ぐ。早稲田大学先進理工学部卒業後、2012年に三井物産に入社。国際貿易及び投資管理に6年半従事したのち、2018年秋より上海交通大学MBAに留学。現在は中国を本拠地として、バイトダンス北京本社に勤務。オンラインサロン「中国トレンド情報局」も主宰。

＊本書はバイトダンス社入社前に個人的見解をまとめたものであり、同社の公式見解とは一切関係ありません。

Twitter：@koumikudayo
中国トレンド情報局：https://note.mu/future392/n/n1aa7c8ea885a

TikTok　最強のSNSは中国から生まれる

2019年10月30日　　第1刷発行

著　者──黄未来
発行所──ダイヤモンド社
　　　　　〒150-8409　東京都渋谷区神宮前6-12-17
　　　　　http://www.diamond.co.jp/
　　　　　電話／03·5778·7234（編集）　03·5778·7240（販売）
執筆協力──長谷川リョー（モメンタム・ホース）
ブックデザイン──杉山健太郎
校正────鷗来堂
本文DTP──一企画
製作進行──ダイヤモンド・グラフィック社
印刷────堀内印刷所（本文）・新藤慶昌堂（カバー）
製本────ブックアート
編集担当──横田大樹

インターネットに比肩する発明によって
社会の全分野で起きる革命の予言書

クレイトン・クリステンセン（『イノベーションのジレンマ』）、スティーブ・ウォズニアック（Apple 共同創業者）、マーク・アンドリーセン（Facebook 取締役）、伊藤穰一（MIT メディアラボ所長）らが激賞！ ビットコインやフィンテックを支える技術「ブロックチェーン」解説書の決定版。

ブロックチェーン・レボリューション
ビットコインを支える技術はどのようにビジネスと経済、そして世界を変えるのか

ドン・タプスコット、アレックス・タプスコット［著］

高橋璃子［訳］

●四六判上製●定価（本体 2400 円＋税）